欧式家具四百年

王 鸿 著

中国美术学院出版社

作者简介

王鸿，1991 年毕业于中央美术学院美术史系，1997 年结业于北京大学哲学系，现供职于中国美术学院手工艺术学院，从事艺术理论的教学与研究，也参与不同门类与形式的艺术创作与策展。

目录

导言　欧式家具史是一部艺术史

欧式家具的范畴与内涵 ·················002

家具与建筑及室内的关系 ···············004

家具与艺术家 ·······················006

家具与艺术表现 ·····················007

家具与礼仪及功能的关系 ···············009

欧式家具的中国风与中式家具的西洋风···011

第一章　文艺复兴

意大利 ··························016

法国 ···························039

尼德兰 ··························054

德国 ···························059

第二章　巴洛克

法国 ···························071

意大利 ··························118

德国　荷兰 ·······················136

第三章　洛可可

法国 ···························162

意大利 ··························234

德国　荷兰 ·······················242

第四章　新古典主义

法国继续引领时尚 ···················268

法国的家具师们 ·····················274

新古典主义画家 ·····················331

彼德迈式 ························356

意大利 ··························378

第五章　时尚主义

弗朗索瓦·林克 ·····················392

皮埃尔·贝朗热 ·····················413

伯德雷家族 ·······················417

保罗·索马尼 ······················423

纪尧姆·温克森 ·····················429

亨利·达松 ·······················440

佛迪诺斯 ························450

格罗埃兄弟 ·······················457

列夫 ···························457

加布里埃 ························469

迪尔 ···························475

艾米里·葛莱 ······················482

路易·梅杰列 ······················487

爱德华·科隆纳 ·····················493

尤金·盖拉德 ······················493

乔治·德·弗尔 ·····················493

卡罗·布加迪 ······················506

导言　　欧式家具史是一部艺术史

一　欧式家具的范畴与内涵

本书中"欧式家具"（European Style Furniture）的称谓，主要指从"文艺复兴"至"包豪斯"之前，即从16世纪初期到20世纪初期，这四百年间，欧洲所形成的具有明显风格特征的古典家具系统，这个约定俗成的系统在风格上不同于"欧洲现代家具"或"现代家具"，与中国、日本为代表的东方家具系统更是大相径庭。今天家具行业中的"美式家具"，可以算是"欧式家具"大系统中的一个支系统。

"欧式家具"和中国传统家具的代表"明式家具"在当代空间的应用性上有着明显的相似性，与现代家具相比，两者的风格均属"古典"，但作为一种特殊的艺术形态，审美需求是永恒的，区域审美的差异和审美的时尚性可以推进家具系统的复杂化，但不会从根本上推动某一常规家具形态的消亡（具有特殊功能的家具可能除外，比如中国传统特有的用于女性缠脚的椅子或拿破仑时代的宝座），家具的风格演进及其应用显然不像机械或电器类产品，后两类产品的形态依据科学内在的进化"范式"，一步步推导产品升级甚至更新，形成所谓"代"状结构，新一代产品的出现也即意味着上一代的淘汰甚至消失。正如在当代中国，大量"明式家具"为公共和私人空间所用一样，"欧式家具"至今依然广泛应用于欧美甚至全球各地，"欧式家具"的全球化现象也是这本用中文撰写欧洲家具断代史得以形成的重要促因。

本书的研究重心基本遵循欧洲文化演进的地域范围和时间范畴，将主要集中在今天的"西欧"，包括法国、意大利、英国、德国、荷兰及奥地利等国，当然，本书没有否认，东欧、北欧甚至西班牙、美国等国家和地区的家具具有同样重要

的研究价值，特别遗憾的是，作为欧式家具重要代表的英国家具部分，未能在本书中展开专项描述，希望能在未来的修订版中，予以补充。

总体而言，"欧式家具"的演进趋势明显与欧洲的文明进程同步，如果借用学术界普遍认同的"文艺复兴"是"人性"复兴这个基本观点，也就是艺术从为神性服务到为人性服务，笔者进一步发现，欧式家具的艺术化进程与文艺复兴所引发的以人为重心的大艺术系统的发展进程几乎同步，它意味着家具风格的演进变化与绘画、雕塑、建筑等艺术形态在风格类型上的演进同步，笔者不敢断言，在千年黑暗的中世纪中，人间生活可以简单地用"禁欲主义"一言概之，但可以肯定的是，随着人性的复苏，"享乐主义"或"炫耀主义"热情弥漫在欧洲数百年，原本荣归上帝的奢华供奉，沦为皇室、贵族、富商们在人世间的享乐盛宴，哥特式之后的教堂奢华虽然依旧，但已渐渐不敌宫殿、城堡、府邸、庄园的异军突起，这与宗教集团的经济实力相对日趋下滑直接相关，宗教革命的浪潮将财富和艺术推向了世俗人间。

当然，单用"享乐主义"之类的描述并不能准确地概括欧式家具在世俗生活中所折射出的文化特征，虽然，黄金（或镀金）在家具中的大量使用呈现了这个即刻印象，但家具功能的多样性、人机的合理性、造型的艺术性，以及色彩的丰富性等等，无不映照出人性的光辉，弹奏出生命的律动，或许，正是人性和艺术的基本内涵，让欧式家具得以跨越文化，穿越时空，进入越来越多的家庭和公共空间，以下，笔者从几个方面概述欧式家具的艺术性构成。

插图 1　　帕拉迪欧母题

文艺复兴时期经典的建筑创新样式，以左右立柱支撑所形成的券拱，增加了立面的装饰性，对后世产生了长久的影响。

的功能空间中，从现代室内设计角度看，属于"硬装"范畴，这一特征从画家伦勃朗（Rembrandt 1606—1669）在阿姆斯特丹的故居中陈设以及荷兰国家博物馆关于相同时期的陈列中可以得以一窥（插图 3）。

插图 3　荷兰国立博物馆中的家具

二　家具与建筑及室内的关系

欧式家具作为欧洲艺术的一个不可或缺的构成部分，与建筑和室内的关系尤为紧密，从 15 世纪的文艺复兴到 20 世纪的包豪斯时代，家具的设计者往往同时也是建筑师、雕塑家或画家，纵观欧洲家具史，一大批建筑师的著作明显影响了当时家具的风格，比如意大利文艺复兴时期的建筑师帕拉迪欧（Andrea Palladio 1508—1580）的《建筑四书》，对欧洲文艺复兴家具产生了的直接影响，建筑学经典中的"帕拉迪欧母题"（Palladian Motif），也广泛运用于家具的结构和装饰造型，不少的家具甚至直接使用与建筑柱式同样的大理石材料，几乎成为建筑的微缩版（插图 1）。弗兰德斯画家弗里斯（Hans de Vries 1527—1604），编著了《建筑》（《Architectura》）一书，其建筑的纹样成为当时低地国家和英国家具设计的一个重要来源。大量欧式家具中普遍使用的"立柱"、"三角楣"、"玫瑰窗"等建筑元素，直接体现出这两者的伴生关系。

18 世纪中期，在"中国风"（Chinoierie）的影响下，英国著名家具设计师齐彭代尔（Thomas Chippendale 1718—1779）还采用过中国的塔形建筑样式设计橱柜、写字桌和床。（插图 2）而 19 世纪早期，"哥特式"风格的家具一度成为英国的时尚，并辐射到法国、美国等地，哥特式彩色玻璃窗花图案被大量采用，衣帽架、镜子等都出现哥特式特有的拱券形式。19 世纪晚期法国的列夫（Édouard Lièvre 1828—1886）和加布里埃（Gabriel Viardot 1830—1906）等家具师也充分挖掘和提炼包括欧洲文艺复兴建筑中的山墙甚至日本传统建筑"破风顶"的造型意象，打造出一批特殊的具有建筑气质的家具。

在欧洲，建筑、室内以及家具的整体化设计的显现十分普遍，直至 17 世纪中期，意大利或荷兰都还存在着大量不可移动的床、橱柜等大型家具，这些家具被固定在特定

随着用于世俗生活的空间越来越大，非固定功能家具得以衍生，家具空间的固定关系随之得以剥离，空间和家具之间的风格协同性成为连接两者的必然纽带，法国国王路易十四在建造凡尔赛宫的时候，特别指派画家勒布朗（Charles Le Brun 1619—1690）全面负责建室内装饰和家具的设计与制作，勒布朗在把控室内设计风格、亲自创作壁画的同时，还为当时的皇家作坊哥白林（Gobelin）提供家具和装饰品的设计样式，使凡尔赛宫在整体上呈现出风格的高度一致。1761 年至 1781 年，苏格兰建筑师亚当（Robert Adam 1728—1792）主持了奥斯特利庄园（Osterley）的建筑设计、室内装饰和家具的整体设计与制作，整体的"新古典主义"风格贯穿了所有，彩绘有时会同时运用于墙面和家具上，使室内和家具成为一个视觉整体。法国洛可可家具中著名的蓝色五斗橱，采用了当时最著名的"马丁漆"工艺，这件色彩特殊的家具是为路易十五的情妇麦丽夫人（Madame de Maily）在舒西瓦城堡（Château de Choisy）的"蓝色卧室"特别制定的，除了蓝色的五斗橱外，床、椅子甚至地毯和壁纸都采用了蓝色调，形成了一个象征爱情的"蓝色波浪"（插图 4）。辛克尔（Karl Schinkel 1781—1841）是德国建筑史上无可争议的伟大建筑师，现在柏林的文化地标"博物馆岛"中的"旧博物馆"是他新古典主义建筑的代表作，辛克尔同时也揭开了德意志新古典主义家具的序幕，呈现几何化特征，甚至显得有些"现代"的家具成为其建筑中重要的，几乎不可分割的组成部分。

插图 2   齐彭代尔的设计稿

插图 4   "马丁漆"五斗橱   1742 年

三　家具与艺术家

随着家具与空间的关系的日渐剥离，家具自身也成长为一个独立的艺术系统，同时，家具通过"风格"这一纽带与其他艺术形态保持着密切联系，使其与欧洲艺术的时代风格或时代主题呈现出高度的一致性。在这个过程中，家具样式的命名方式虽然也采用从时代概念（如哥特式、文艺复兴式），或者权力概念（如路易十四式、维多利亚式、帝政式），但 17 世纪晚期、18 世纪早期出现的"布尔镶嵌"家具体现了布尔（Andrè Charles Boulle 1642—1732）特殊的家具材料和突出风格，也出现了以艺术家命名的方式，这在一定程度上凸显了家具作为艺术的独立性。而 18 世纪在英国出现的"齐彭代尔式"是第一个以设计师命名的家具风格，1748 年，获得工艺专利的"马丁漆"（Vernis Martin）缘于家具师马丁兄弟，这种具有明显人文特征的历史脉络汇成了欧洲家具的艺术家风景线，本书写作的基本线索也大体呈现出艺术家史，企图以这种论述的方式表达对那些在常规艺术史中不曾出现过的艺术家们的敬仰，反观中国，以艺术家命名的艺术现象几乎不曾出现，中国的家具史几乎就是一部无名艺术史。

纵观欧洲家具史，参与家具设计与制作的著名画家和雕塑家不胜枚举，从 17 世纪起，勒布朗、贝尼尼（Giovanni Lorenzo Bernini 1598—1680）等画家和雕塑家已经对家具创作产生直接的影响，雕塑大师贝尼尼造访巴黎期间，作为画家和家具师的布尔就曾登门拜访，讨教艺术。被认为确立了法国巴洛克家具风格的重要家具师库奇（Domenico Cucci 约 1635—1710），本身就是一位来自意大利的雕塑家，布鲁斯特隆（Andrea Brustolon 1662—1732）被认为是意大利巴洛克家具的代表人物，是巴洛克雕塑家贝尔尼尼的再传弟子，其著名的扶手椅几乎就是一件可以坐的雕塑作品，椅子的支架结构全部雕塑化，主体由黄杨木雕刻成缠满藤蔓的树枝，而两个小天使和两个黑人全然可以独立成为纯

架上雕塑，法国作家巴尔扎克在他的小说《庞斯舅舅》（Cousin Pons）中把这位意大利家具师誉为"木雕中的米开朗基罗"。法国洛可可家具师克雷桑（Charles Cressent 1685—1768）从小接受雕塑训练，作为家具师和雕塑家，他喜欢原创设计而不是套用已有家具的模件，他创作出了著名的"猴子"和"持镰刀者"的雕塑造型，运用于家具、座钟以及其他工艺装饰中，充分显示出他综合的设计能力，以及雕塑方面的高超造诣（插图 5）。19 世纪晚期，法国家具师弗朗索瓦·林克（François Linke 1855—1946）展开了与雕刻家梅萨热（Léon Messagé）的长期合作，令人吃惊的是，林克以细木镶嵌工艺制成的家具，居然营造出浓烈的雕塑般灵动，甚至舞蹈般的气息。

除了雕塑家，画家对家具的贡献也十分突出，洛可可时期的著名画家华多（Jean Antoine Watteau 1684—1721）、布歇（Francois Boucher 1703—1770），以及新古典主义时期的画家大卫（Jacques Louis David 1748—1825）等，几乎创造了那个时代家具的风格，在本书"新古典主义家具"板块中，有较为详细的分析。

总体而言，不同门罗的艺术家的参与使得欧洲家具与欧洲建筑、绘画迈向现代的时间几乎同步，探究 20 世纪初的抽象艺术，甚至可以假设家具艺术本身的抽象形态促动了艺术的抽象化。

相比东方，中式家具由宋代几乎定型的系列"器型"主导几乎延续了千年，近年来通行的"明式家具"作为一个抽象的风格概念，上可连接宋代，下可延续至今，凸显了中国"器型"学价值的同时，显示出中国家具风格一如中国封建制度的超稳定性，当然，也折射出中国家具设计创造力的长期停滞——文化交流的中断和艺术家艺术理性的缺失想必是诸多原因中两个重要现象性原因。

插图 5　路易十五式橱柜一对　克雷桑　约 1750 年

四　家具与艺术表现

雕塑性：

　　从距今 5000 年前的古埃及起，带有图腾特征的狮、鹰、蛇等雕塑造型已开始与家具装饰结合。经由古希腊和古罗马时代的高度发展，雕塑奠定了欧式家具造型手段的基本特征，而这一特征也确定了家具作为艺术这一范畴的形态归属，也确定了家具艺术水平品评的基本指标。

　　在 16 世纪的意大利，曾流行一种叫做药片（Pastiglia）的浮雕工艺，先在家具上裱上一层粗亚麻布或帆布，在上面抹上也一定厚度调了胶水的石膏，再在上面作多层彩绘，使纹样凸起形成浮雕效果。法国家具设计师塞尔索（Jacques Androuet Du Cerceau 约 1520—1584）在 1550 年出版了家具设计手册，大量采用雕塑手段，由于建筑的影响（他本人也是建筑师，虽然没有建筑设计作品留存），他的家具设计或雕塑造型基本可以归作建筑性的，高浮雕的人物造型显然与壁柱接近，装饰重于结构。

　　如果说，文艺复兴时期的家具更加偏重建筑性的话，从巴洛克时期开始，家具开始更多地追逐雕塑性了，巴洛克雕塑大师贝里尼将大理石雕成凌空飘舞的绸带这一壮举，大大激发了家具匠人们对材料轻柔化、运动化加工的激情，巴洛克家具中大量使用木雕和青铜铸造工艺，圆雕、高浮雕、浅浮雕、透雕等技艺一应俱全，而易于雕刻的中性木材如橡木、柚木（适合不是十分精致的高浮雕）、胡桃木、桃花心木（适合精致雕刻）等成为家具用材的选择对象。

　　上段所提及的雕塑主要还特指家具中的雕塑造型，而家具自身造型的雕塑感或雕塑性自此也纳入了艺术家的视野，相比具象的雕塑造型，家具的雕塑感呈现出更加抽象化的特征，它成为欧洲艺术家研究形式（Form）的重要载体，总体而言，巴洛克家具的雕塑感主要来自结构面的复杂，结构线的粗壮与刚毅，甚至色彩相对强烈的对比，与米开朗基罗的作品在风格上具有异曲同工之处，均显示出一种男性的膨胀与运动的力量，出自意大利的库奇、布鲁斯特隆以及 19 世纪晚期布加迪（Carlo Bugatti 1856—1940）等艺术家的作品较为明显地显示出这样的特征，相比而言，同属巴洛克风格的法国本土家具师布尔则显示出相对简约的结构面和柔和、纤细的结构线，前者显示出文艺复兴的规范，后者则或多或少流露出后来由法国艺术家所主导的洛可可女性情结，一方面，我们必须承认路易十五国王的情妇蓬巴杜夫人（Madame de Pompadour 1721—1764）确实主导了这种风格在巴黎的蔓延，但基于风格史，或者雕塑感的角度看，洛可可确实也是对巴洛克形式的一次提升或补充，一定程度上形成了艺术风格的完整性——世界原本就是由男女共同构成的。

　　紧接洛可可之后的新古典主义家具则以直线加以较为庄重的雕塑性，重回男性，拿破仑的硕壮宝座集中表现出雕塑般的宏大与张力。在 19 世纪晚期，借用"自然主义"概念的新艺术运动（Art Novueau）将家具几乎雕刻书写成一套关于动植物的百科全书，超长的藤蔓缠绕，花面叶面起伏不定，家具的结构全然消失了，这种极端的雕塑性成为后来包豪斯反讽的对象，而从现代艺术的角度看，包豪斯家具无疑也可以归入抽象雕塑的范畴。

另外，值得注意的是，雕塑制作的便捷度以及艺术化要求（如贴金、彩绘）在一定程度上削弱了欧洲家具对硬木类材质的追逐，而硬木却是中国宋代以来基于家具结构性简化设计所必须的硬度支撑，东方对硬木的追逐演化为对财富的追逐，而非对艺术的追逐，历经千年蔓延至今，甚至引发了美洲、非洲、东南亚地区大面积森林的浩劫，进而诱发局部地区的生态灾难。

绘画性：

绘画性也是欧式家具追求的一个重要目标，带有色彩和纹样的布料作为家具的软包系统早在古埃及就已经出现，波斯地毯类编织物也在 15 世纪甚至更早就已引入欧洲，部分作为凳、椅类坐具的软包装饰，增加了家具的色彩。在意大利文艺复兴早期，佛罗伦萨有专门的画师从事家具装饰绘画，他们熟练地使用蛋彩技法（也称坦培拉 Tempera），将家具变成了一个立体的绘画，威尼斯家具从文艺复兴以来，长期保持了与绘画相结合的特征，欧洲家具对家具的色彩、纹样甚至笔触等绘画性的高度敏感也促成了东方漆艺术向西方的传播，可以想象，欧洲家具师们第一眼看见来自神秘东方的大漆家具时是如何的惊喜，更让人着迷的是，这种具有高亮度、可以反光的绘画材料居然还很耐摩擦，甚至越磨越亮，他们终于可以从刨刀、凿子的紧张和规范之外，得以轻松地用画笔展示自己的艺术造诣，让家具充满前所未有的色彩，变得更加的灵动，与建筑更加的协调，显然，家具的制作工期也得以缩短。

欧洲匠师们自然不会满足于对于东方漆家具的拆卸拼装，对漆工艺的研究居然和陶瓷材料和烧制技术的研究几乎同时，带有绘画的漆板镶嵌和彩绘瓷板镶嵌成为洛可可家具一个显著的特征，"马丁漆"的研发成功标志着家具绘画性和家具质感审美之间的统一获得巨大成功。而满工的漆绘家具则真正满足了王室贵族们对艺术的最综合要求，这种需求可能在中国汉代，皇家早已得到满足。

插图 6　硬石镶嵌小橱柜　约 1660 年　产地：奥格斯堡

镶嵌工艺：

除了雕塑和绘画的造型装饰技艺，欧式家具还通过材料加工工艺来实现对家具的装饰，贴金、镶嵌两大工艺尤为突出。家具贴金（或金属配件上鎏金）工艺早在古埃及时代就已运用，在路易十四的巴洛克时代，贴金的家具和贴金的凡尔赛宫一道，大放异彩，映照出"太阳王"的光辉，随着凡尔赛的影响，贴金工艺在全欧洲的皇室、贵族层广泛流行，成为欧式家具豪华奢侈的经典装饰手法。

欧式家具中的镶嵌工艺可以大体分为：细木镶嵌、彩石镶嵌以及多材料镶嵌等，其中，最具特色的无疑是细木镶嵌或拼花工艺（Marquetry），有学者认为，这种不同木材切割拼合的技艺自古希腊、罗马时代就已出现，经由拜占庭传至伊斯兰世界，并由伊斯兰保存，正如他们保存了古希腊哲学和数学一样，这种工艺在文艺复兴时期被意大利匠师利用，并在 15 世纪中晚期到 16 世纪前期得以进一步完善，突破了伊斯兰的镶嵌纹样几何化，出现了植物、人物等造型的镶嵌，17 世纪晚期，随着马罗（Daniel Marot 1666—1762）橱柜制作新技艺的传入，荷兰和法国的细木镶嵌开始在英国流行，其中，最为流行的是柜门的花卉特别是海草纹样的镶嵌。而在巴黎工作的荷兰橱柜师高尔（Pierr Golle 约 1644—1684）被认为是早于布尔掌握多材料镶嵌技艺的，但在法国，"布尔镶嵌"（Boulle Work）反而更广为人知，"布尔镶嵌"则不止单独使用木材了，除木头外，他甚至使用了青铜、玳瑁等。在 18 世纪的法国家具行会中，镶嵌木工成为一个专门的工种（法文：Ebeniste 英文：Specialist in Veneering）。

硬石镶嵌工艺（Petra Dura）同样也很有可能是从伊斯兰世界传回的基督教国家，也有学者认为是古罗马的遗留技艺，16 世纪晚期（1588），佛罗伦萨美第奇家族的"大公专供工坊"(Opificio Della)就已经成熟的运用这种技艺了，主要工艺是在橱柜或者桌子的面上镶嵌玛瑙、绿玉、青金石、或者其他不同色彩的大理石，镶嵌成鸟类、花卉甚至人物造型，色彩斑斓的家具不止被意大利富商们喜爱，并且迅速传至欧洲其他地方，受到皇室和贵族们的青睐。17 世纪 20 年代，彩石镶嵌技艺已经传到了英国，到了 17 世纪下半叶，巴黎附近的哥白林工坊已经开始大规模使用这种技艺了，他们甚至在乌木上也做这样的镶嵌。1660 年德国奥格斯堡工匠制作的一件乌木镶嵌橱柜，用料多达 19 种，堪称这种技艺的典范。在笔者看来，镶嵌技艺特别是细木镶嵌中的几何化设计，通过近四百年的积淀和提炼，几乎转化为欧洲设计中的一个装饰基因，成为大量奢侈品的灵感来源（插图 6）。

五　家具与礼仪及功能的关系

以家具来规范礼仪，凸显权力的方式，自古有之，在古埃及，凳子已经成为彰显权力的方式，绘画和雕塑中，法老或王后往往是坐在有靠背有扶手的宝座上，或者就凳子而坐，而所谓的"书记"或者其他低等级的人士是席地盘坐或干脆站立，这种坐与站的主仆礼仪关系延续数千年，在东方的中国，皇帝踞有高高在上的宝座，而上朝的群臣只能喏喏侧立。因此，本章节所涉及的"礼仪"，从严格意义上讲，如果与权力有所关联，都应该属于现代文明产生之前的礼仪现象，后者所推崇的礼仪基于友谊和平等，绝非基于权力的从属。

在路易十四时期，高背的扶手椅是身份最高级的，其次是高背的无扶手椅和凳子，从人机设计角度分析，人在有背的扶手椅上就座的时候，会下意识往后背靠，与椅子对面的人相对而言，形成一种后仰的离心力，靠背的高度增加了就座者的离心趋势或力度，而人坐在无靠背的凳子上，往往则身体前倾，就对面的人而言，形成一种向心力，如果面对的有靠背的对象，则因为向心力而形成服从感。

拿破仑执政时期，特别要求家具尺寸要刻意放大，可以借此体现皇权的无上，椅子的形态也一改洛可可的曲线为直线，以结构的挺拔，展示男性的刚毅，而与之匹配的装饰是菱形、八边形或圆形等，显示出某种控制和规范，象征战争、权力的箭筒、盾牌以及鹰和"阿波罗的战车"等纹样的出现也是为了显示法兰西皇帝权威的至高无上，有趣的是，拿破仑时期的家具中还出现了来自 3000 年前古埃及的神秘形象斯芬克斯，显示其对埃及的征服，而这个形象也作为王权的象征被英格兰借鉴，成为摄政式家具中宝座上的显著的雕刻纹样。拿破仑时期的家具色彩主要以红、黄、黑构成，分别象征了生命的起源。红色象征了太阳或血液，前者是世界的起源，后者是个体生命之源，而最灿烂的黄色则是金色，直接暗示了主人也象"太阳王"般如日中天。

放大家具的尺度以显示权力的威严，和路易十五几乎同时期的中国的乾隆皇帝也同样采用了放大的方式来制作自己的宝座，并且还采用了最为奢侈的髹漆工艺——极度耗时、耗工的雕漆。当然，家具的尺度往往也和某一特定空间、特定功能或观念相关，正如后文将提及的麦金托什（Charles Rennie Mackintosh 1868—1928）的茶椅，当代设计中，设计师根据空间的尺度来选择家具的尺度已成惯例，这和礼仪或权力观已经相去甚远了。

某一期间特殊的生活方式或生活时尚往往会影响当时家具的样式和风格，比如，17世纪20年代，英国曾流行一种新型的"环裙椅"（Farthingale Chair），主要供女士使用，椅子没有扶手，可以避免与当时在女性中流行的较为宽大的撑裙发生挤压，而椅子的座面软包用天鹅绒、刺绣等包面和打结，或者还有来自土耳其的色彩丰富的地毯，增加了椅子的女性特征。路易十五的情妇蓬巴杜夫人喜欢打牌，因此，出现了专门的牌桌，桌面嵌有绿色的厚毛呢。

18世纪20年代英国安妮女王时期牌桌的桌角是盘形，可以放置蜡烛，桌边有椭圆形凹洞，可以放置硬币。在18世纪上期法国沙龙文化流行期间，沙龙中配有女士专用长椅（Canape），尺度接近于现代的双人或三人沙发，但在当时依然是单为着长裙的女士在沙龙中休息设计，男士去坐会被认为没有礼貌（插图7）。自17世纪以来，来自中国的茶叶引进欧洲，引发贵族圈"下午茶"的流行，在英国和法国都出现了专门的茶桌，桌子基本呈圆形，二层或者多层，用以放置四至五种不同功能的茶具。20世纪前后，麦金托什为格拉斯哥的格朗斯通夫人作了一系列茶室的整体设计，其中的最有代表性的是高背椅子，格状或条状的椅背超高，有的高达135厘米，他自己的解释为"这件椅子的设计意图不是为了实用，而是为了更加提高装饰效果的尝试"，他同时还认为，几张有高背的椅子已经围合成了一个独立的品茶空间，形成了不受周边干扰的茶室中的"茶室"，这是利用家具营造特殊空间的一个典型范例（插图8）。

插图7　路易十五式长椅

六　欧式家具的中国风与
中式家具的西洋风

1667 年，德国学者基歇尔（Athanasius Kircher 1601—1680）在阿姆斯特丹以拉丁文出版了关于中国的研究，也即是后来流传广泛的的《中国图说》（*China Illustrata*），该书关于中国的详尽描述（虽然这个描述并非来自作者的第一手资料）为当时的西方打开了关于中国视野的一扇窗户，被称为"当时之中国百科全书"（插图 9）。另一方面，该书精美而丰富的版画插图为远方的中国赋予了美好的想象力，如法国当代汉学家艾田浦（Etiemble）所说，"基歇尔神父的作品却没有直接产生任何一部重要著作。更确切地说，它的影响后来表现在版画及人们对中国话题的兴趣上，不久以后，中国话题很快成了一种时尚"，这个时尚竟然持续近三百年，也就是 17 世纪晚期开始的所谓"中国风"（Chinoiserie）。

从总体上讲，"中国风"主要涉及到艺术和消费两大范畴，消费类主要是指茶叶和丝绸，而艺术品类中，中国陶瓷对西方的直接影响已广为世人所知，而另一种诞生于中国的艺术形式——漆器，则更为神秘，仅为少数人所知。但纵观 18 世纪及其以后欧洲家具艺术史，中国及日本漆器的影响不仅不能回避，而且，实在不可估量——漆可以增加家具的亮度，丰富家具的质感，可以彻底摆脱木头或石头相对单调而黝暗的色彩，使更具个性的绘画艺术在家具上再次成为可能，家具因此成为更为综合的艺术。

家具色彩化技艺在古埃及时代已经成熟，除了带色彩的壁画家具，新王国时期第十八王朝的法老，图坦卡蒙（Tutankhamun 公元前 1341—前 1323 年）的墓室中，已出现带色彩的家具实物，色彩的材料主体由黄金构成，也有彩色玻璃、青金石以及方解石等，工艺手法为镶嵌，因此，主要还是呈现出浮雕感，而非绘画感，绘画的自由度不能得以释放。镶嵌工艺可能也流行于古希腊、罗马时代的家具。

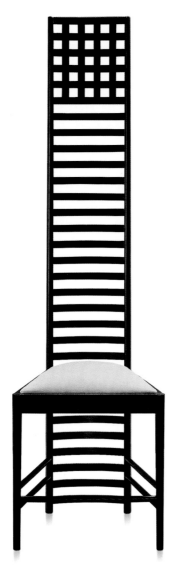

插图 8　茶室椅子　麦金托什　约 1902 年

插图 9　《中国图说》插图　1667 年

装饰，但是，由于缺乏漆器制作的原材料——生漆，欧洲家具色彩化方式主要还是靠不同色彩的材料镶嵌构成。从13世纪起，在东西方贸易的重要港口城市威尼斯，艺术家开始借用绘画中的蛋彩技艺，仿制已经流传到这来的东方漆器，也借鉴印度用虫胶（Shallac）作漆的工艺，但大漆漆器的坚固表面、润滑手感以及高光泽度，远非蛋彩所能及，16世纪起，这个难题日渐被大量家具师们关注，并企图着力化解。

1498年，葡萄牙冒险家达·伽马（Vasco da Gama 1469—1524）绕过好望角开辟了印欧航线，从此，西欧各国得从海上航线到达亚洲，1553年，葡萄牙人开始在澳门定居，而早几年（1550）的日本长崎已经向葡萄牙人开埠，或许是葡萄牙商人，在16世纪中期，最早从日本带回了漆器，根据现有资料显示，"漆"这一名称最早在西方出现时，是以葡萄牙语——"Lac"形式出现的，有学者也认为，这个词借用了出自印度的梵语，原意为"十万"，漆在欧洲的初始命名及其原始含义折射出漆器的超高价值，同时，还说明了漆器贸易与印度传统技艺甚至商业的中转关系，而印度东部港口城市科罗曼多（Coromandel）一度是欧洲与远东之间贸易的中转站。以漆为主要材料的屏风，也就是欧洲学术界认定的"中国科罗曼多"式折屏（Chinese Coromandels），作为一种东方特有的艺术家具，除了独立作为装饰品使用外，从路易十四时期起，工匠们甚至把进口的屏风嵌入到家具中，或者重新拼装成家具，这种做法也被英国、德国的工匠使用，一直延续到20世纪初。

在17世纪初的荷兰、英国，以及其后各国相继成立的东印度公司均热衷于从中国、日本甚至越南等国进口漆器，到17世纪中叶，漆器收藏成为当时权贵和富豪们的一个收藏热点，1658年，法国大主教马扎然曾经从阿姆斯特丹购得一批精彩绝伦的莳绘漆器，这批漆器被认为是荷兰东印度公司于1630—1640年间从日本购入（其后的1641年，荷兰商馆从平户转移到长崎的出岛）。马扎然是"哥白林工坊"被路易十四收购之前的实际控制人，在他控股期间，引进了大量荷兰及意大利工艺师，他很有可能一度组织研发漆的工艺，但直至18世纪20年代，法国家具师还只能利用来自中国的漆器原件，组装家具，18世纪40年代，法国的马丁兄弟研发出带有色彩的髹漆技艺，配以接近中国陶瓷中青花的蓝调或白底彩绘的装饰，形成当时的风靡一时且拥有专利的"马丁漆"，现有资料显示，马丁的技术革新极有可能来源于荷兰，他们曾在的那里工作，目睹或者参与了荷兰师傅正在进行的革新，这种所谓的革新，主要是改用了柯巴树脂（Copal），柯巴在摄氏200—300度的高温中融化，溶液中可以调入矿物色料，从而规避虫胶仅能呈现黑色的物理缺陷，但马丁漆材料还不是真正的中国生漆或日本生漆，其效果如光洁度与大漆制品之间仍存在明显的差异。

被誉为"欧洲最具才气的漆工"的达格利（Gerard Dagly出生于17世纪50年代早期），则极有可能在技艺层面直接受惠于从日本雇到荷兰的漆工（主要集中在列日市"Liège"附近），经采样化验，达格利所用材料，主要为更为传统的"山达树脂"（Sandarac，可以算虫胶材料中的一种），和马丁兄弟所用的柯巴树脂不同。达格利主要在柏林为普鲁士王室工作，他直接影响了德国的漆艺术，在他及其学生施耐尔（Martin Schnell 生卒不详，主要活跃于德累斯顿）的努力下，柏林和德累斯顿分别成为了18世纪欧洲的漆艺术中心。

随着东方大漆制品的传入，欧洲家具师们展开的漆工艺研发，最终在家具范畴开始引发中国风的流行，从荷兰到法国、英国，从德国到意大利，几乎蔓延到整个欧洲。漆器造型、漆艺技法、中国人式物造型和山水、花鸟等自然主义的装饰纹样形成了18世纪的洛可可家具的标志性主题，带有回纹、菱纹等纹样的家具在齐彭代尔的产品图录中被明确标注为中国样式。

笔者认为，就"中国风"所涉及漆艺而言，应该是包括日本甚至东南亚漆艺的一个泛称，从现存洛可可时期的漆作家具中，也可以发现大量日本特色漆作工艺的"莳绘"。17世纪晚期，欧洲已经有人开始对比中、日漆艺的差异甚至高下了，比如，有人就说到："就漆艺而言，日本不必因为中国而妄自菲薄"（1697年）；"中国的金銮器物不如日本，中国似乎没有找到打磨得像水一样透明的技艺秘诀（1760年）"，这些说法在一定程度上与明代晚期中国文人如文震亨对"倭漆"（日本漆）的看法接近，较为客观地描述了当时中日漆艺在工艺、风格追求上的差异。

当然，漆工艺对欧洲的影响远不止家具系统，从遍布欧洲皇室宫殿中的"中国房间"或者"漆屋"等特殊装修中，漆艺显示出绝对的价值，而宫廷中的生活用具、从文房用具甚至绘画，也能发现大量漆艺的痕迹。路易十六王后安托瓦内特（Queen Marie Antoinette）的御用文具盒是利用日本江户时期的文具盒进行二次装饰，装上一个装饰繁杂的镀金底座，就像很多中国瓷器被重新装饰，镶嵌上镀金的底座、把手以及其他装饰部件一样（插图10）。

20世纪初，瑞士装饰主义（Art Deco）艺术家让·杜南（Jean Dunand 1877—1942）和英国抽象艺术家艾琳·格瑞（Eileen Gray 1879—1976）都在巴黎向日本漆艺家菅原精造（Sougawara 生卒不详）学习漆工技艺，前者将漆工转化为具有装饰意味的的屏风绘画、家具和装饰品，后者则将屏风立体化，画面也呈现出明确的抽象结构，成为目前所知最早的使用漆工艺从事抽象艺术的范例，有趣的是，法属殖民地的越南画家们也利用本国悠久漆文化资源，与他们所学印象主义风格嫁接，形成越南特有的"磨漆画"，这个工艺形态在20个世纪60年代的冷战时期，一度影响了同为东方阵营的中国，一定程度上催生了中国艺术民族化进程中出现的现代漆画。

文化和艺术往往是互动的而非单向度的，欧洲文化从明晚期开始对中国的宫廷和知识界有限的传播，而贸易的发展促进了东南沿海的家具制造业的发展，有些家具还具有一定的定制特征。而欧式家具对中国宫廷的影响来自意大利米兰的艺术家郎世宁（Giuseppe Castiglione 1688—1766），他于康熙时期（1715）作为传教士来到中国，却在清朝的宫廷里作为艺术家供职了五十余年，历经康熙、雍正和乾隆三朝，西方艺术经他以及法国艺术家王致诚（Jean Denis Attiret 1702—1768）、波西米亚的艾启蒙（Jgnatius Sickeltart 1708—1780）及意大利的安德义（Joannes Damascenus Saslusti ？—1781）等人，得以在中国宫廷和艺术界小范围流传，在建筑和家具上主要体现为文艺复兴、矫饰主义以及巴洛克等混杂风格。雍正和乾隆皇帝是否进口过欧洲家具尚不得而知，但现存清宫的部分家具显示出巴洛克的造型和工艺痕迹，"使用了金、银、玉石、珊瑚、象牙、珐琅器、百宝嵌等不同质地装饰材料，追求富丽堂皇"（中国传统家具学者田家青语）的装饰手法，不难让人想起欧洲家具的工艺特征。

作家具"在整体上显示出来自西方的影响，成为"欧式家具"在中国的滥觞，随着"五口通商"以及民国以降广泛对外交往，这类家具已经成为中国特别是沿海城市"摩登"家庭的标准配置了，虽然，因新艺术运动、工艺美术运动甚至包豪斯已经在欧洲产生影响，但泛"古典主义"家具或许依然是欧洲消费的主流，而中国民国期间以"海派家具"为代表的流行家具总体也是这类样式，从一个侧面反映出"欧式家具"的强大生命力和广泛的文化影响力，在全球现代化进程中，居住和消费空间越来越趋同，这种趋同化成为欧式家具得以传播的第一助推力。

插图 10   安托瓦内特王后御用文具盒

　　广州作为明代对外贸易的重镇、清早期对外贸易的唯一城市，至少在明晚期应已经开始承接对外加工，"科洛曼多"很有可能是商行汇集的江苏（扬州）、福建（福州）、安徽（歙县）、山西（新绛）等地的"款彩"漆作商品，而作为一部分国内消费的"广

第一章　文艺复兴

人生本来不是为了像兽一般活着，而是为了追求美德和知识。

——但丁

意大利

"神说：有光。于是，就有了光……"

那光很斑斓，在五彩斑斓中，众生还可以瞧见上帝。荣归上帝，众生渺小，委身斑斓迷光中的教堂，心灵已获归宿，人们忘记了另外的光，这场梦一般的忘记，居然长达千年，当人们渐渐背着那束光苏醒过来时，才发现那是只有一束光的"黑暗时代"，那个时代被称作"中世纪"。醒来的人们发现了早已存在的光，那是一种来自永恒自然的光，一种发自人性自身的光，那种光早已存在千年，意大利佛罗伦萨建筑师布鲁内莱斯基（Filippo Brunelleschi 1337—1446）重新找回了托斯卡纳的阳光，阳光普照，那是属于人类自己的阳光（插图1—3）。

画家波蒂切利（Sandro Botticelli 1445—1510）认为那束光来自浩瀚的大海（插图4），可以普照世界，像春天

般温暖，像少女般迷人，而文艺复兴最伟大的艺术家达芬奇（Leonardo da Vinci 1452—1519）则通过一双散发着柔光的手，暗示了人类自身本来就沐浴在天空太阳的光彩中（插图5）。

从那时起，人类虽仍将历经迷惘，但终究一路正视自身，而那个苏醒的时代起点，被同样沐浴在托斯卡纳阳光下的一个人称作"文艺复兴"（Renaissance），那个人叫瓦萨里（Giorgio Vasari 1511—1574），他还有一个身份值得炫耀，他是米开朗基罗（Michelangelo di Lodovico Buonarroti Simoni 1475—1564）的徒弟，是他保留并修复了在一场动乱中被砸掉的那尊《大卫》（插图6）的左手。那场动乱其实也是关于那一束"光"的反扑，反扑的组织者，一个僧侣，名叫萨伏那洛拉（Girolamo Savonarola 1452—1498），有

插图1　圣母百花大教堂　1471年
穹顶由布鲁内莱斯基设计

插图3　佛罗伦萨城市远眺

趣的是，那个时期流行的典型椅子，竟然就叫萨伏那洛拉椅（Savonarola Chair）（插图10—12）。

萨伏那洛拉掀起的那场动乱，实质是企图把时代之轮倒回黑暗与禁欲，虽然，其直接动机在于推翻美第奇家族（Medici Family）在佛罗伦萨的一统（插图7）。正是这个显赫的家族，从发家以来，就不遗余力地培养和扶持了前面所提及的画家、雕塑家和建筑师。当然，佛罗伦萨那些靠金融和贸易发家的超级富豪们，也不忘为自家的荣耀贴金，更不忘及时享受几乎汇集自全欧洲的财富，那些曾经淹没在历史和火山灰中的宫殿般的建筑，通过拜占庭传回的手稿得以模仿重建，新建的豪宅被称作别墅（"Palazzo"或"Villa"）。有了新的供人居住而不是供养上帝的空间，

插图2　佛罗伦萨圣若望洗礼堂　1128年

插图 4　春　波蒂切利　1477 年

插图 5　手的素描稿　达芬奇　约 1490 年

插图 6　大卫　米开朗基罗　1504 年

15 世纪，在欧洲文艺复兴的发源地，家具艺术也随人性一同复兴了。

有学者认为，中世纪的家具制作工艺曾经一度消失，因为现存中世纪的家具实物实在太少，但那款萨伏那洛拉椅居然可以回溯数百年，与现藏巴黎国际图书馆的公元 7 世纪拜占庭时期的达戈贝特宝座（Throne of Dagobert）在"X"形式母题上连接（插图 8），这件宝座很有可能是法国在建造全欧洲第一座哥特式建筑——圣丹尼尔教堂时，时任

插图 7　美第奇图书馆藏书

与萨伏那洛拉椅子相似的还有"但丁椅"（Dante Chair），这个名字的来由尚不得而知。前者的"X"结构由左右各 10 根纤细的木头合成，后者则以前后 2 根稍粗的木头构，都有底部的横木支撑（插图 13—15），今天，在佛罗伦萨美第奇家族的礼拜堂里，还沿着墙脚摆放着可供游人坐下休息的椅子，那是全然简化了的但丁椅。

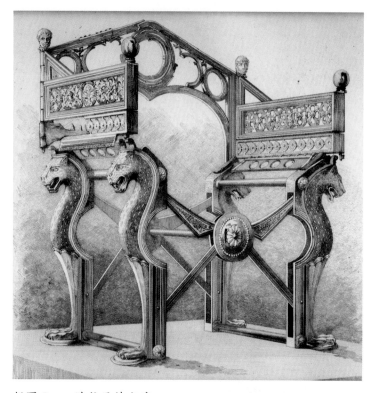

插图 8　达戈贝特宝座

插图 9　黄花梨交椅　明代

教堂修道院院长的絮热（Abbot Suger，约 1081—1151）亲自采购的古物。宝座是青铜铸造的，据说拿破仑在巴黎圣母院加冕时还坐过，结合可以折叠的结构设计，或许萨伏那洛拉椅子的基本原型还可以回溯到距今三千五百年前，古埃及新王国时期出现的"X"交叉的折叠凳，后者几乎就是中国至今还在使用的"马扎"，当然，宋代已经成型的交椅也是由"X"交叉构成，同样也曾体现权力（插图 9）。因此，一个家具的样式一经设计产生，往往不会像科技产品那样因为技术的升级而遭淘汰，这与艺术样式在历史中不断重复的现象如出一辙。

插图 10　骨质镶嵌萨伏那洛拉椅　15 世纪

插图 11　但丁椅　15 世纪

插图 12　　但丁椅（坐垫 15 世纪，椅架 19 世纪）

插图 13　　萨伏那洛拉椅　约 15 世纪　产地：意大利

插图 14　　骨质镶嵌萨伏那洛拉椅　15 世纪晚期　产地：西班牙

插图 15　萨伏那洛拉椅　19 世纪

坐具从文艺复兴时期开始流行，有着一定的文化合理性，自古埃及起，坐具就已经成为权力的象征，发展到极致就是所谓的"宝座"，东西方通行，已经成为至高无上的皇权象征了，意大利著名当代艺术家马西莫·利皮（Massimo Lippi 生于1951年）有一件名为"跪拜台"（Faldstool）的雕塑（插图16），原型的部分意象显然来自萨伏那洛拉椅，"X"交叉点上有些幽默的人像和俨然被焚烧过的树枝显示出对权力的调侃。

上述两款椅子的用材多为胡桃木，坐的部位铺设天鹅绒或者皮革，比如热那亚的天鹅绒，法国里昂的绢丝，西班牙科尔多瓦的皮革，比利时的粗毯。装饰工艺有雕刻和细木镶嵌等，细木镶嵌工艺在本书的导论中已经提及，细木镶嵌工艺不止用于家具，在拉斐尔故乡乌尔比诺的公爵宫（Palazzo Ducale）中，至今还保存着当时一间用细木镶嵌做墙面装饰的书房，反映出主人的极度奢华，同时，也能显示出其非凡的艺术鉴赏力（插图17）。

15世纪，意大利还出现了一种叫作"斯卡贝罗"（Sgabello）的高靠背椅子，除了八边形的座面外沿相对简单雕刻外，前后两块花瓶或扇形状满工雕花板本身就是椅子腿，靠背也满是雕刻（插图18—21）。16世纪，"斯卡贝罗"出现简化版，椅子腿变成了三根或四根的木棍，椅腿车制或者刨成方形，而靠背依然雕刻。"斯卡贝罗"17世纪传至英国，被英国人认作是自己的原创，这个名字也是英国人取的。17世纪或者更早些时候，这个样式传入德国，而德国人则称作"乡村椅"（Bauern Brettsessel），作为乡村家具，一直传承至19世纪。

插图16　　跪拜台　马西莫·利皮　当代

插图 17　　乌尔比诺公爵宫书房细木镶嵌墙面　1482 年

插图 18　斯卡贝罗　约 16 世纪

插图 19　斯卡贝罗　约 16 世纪

插图 20　　斯卡贝罗　约 16 世纪

插图 21　斯卡贝罗　约 16 世纪

15世纪早期，橱柜、箱子类储藏家具已经开始在意大利流行，"卡索纳"（Cassone）在今天看来算是一种长箱，在中世纪的佛罗伦萨已经出现，主要分为三种形式，第一种是造型相对简洁的立方体，第二种接近于船形，第三种最为特殊，简直就是古罗马石棺材的翻版（插图28—29、33），由于意大利有大量古罗马文物遗存，有学者认为卡索纳应该从中世纪起就一直流传。这种长箱原本是专用的"婚礼箱"，一般成对使用，结婚时抬着游街，显示双方家族的财富，这跟中国宁波、绍兴一带在民国时期还曾流行的风俗相似，婚娶时女方办置的"十里红妆"，也要游街，显示女方富裕的同时，似乎也告示着男女的平等（插图22—27）。长箱除了高浮雕和细木镶嵌工艺外，还采用蛋彩技法（也称坦培拉 Tempera）做箱体的装饰，箱上绘有双方家族中的军人形象（插图30—31），还绘有象征忠贞的"典雅爱情"（Courtly love）故事，比如所罗门国王和他的皇后示巴，背景往往是有透视感的建筑，透视本身也折射出文艺复兴艺术的进步。美国大都会博物馆收藏了一件"卡索纳"，作于1460年左右的佛罗伦萨，用蛋彩技法描绘战争题材，用了高浮雕贴金和贴银的工艺。16世纪后，由于画师地位的提高，原本专门从事"卡索纳"装饰的画师们纷纷转行，在长箱上绘画装饰基本消失，细木镶嵌高浮雕贴金或成为基本工艺，佛罗伦萨有一种称为"药片（Pastiglia）"的特殊浮雕，作法接近于堆塑加上彩绘，先在家具上裱上亚麻布，抹上调了胶水的石膏或者其他白色粉料作地底，然后在面上彩绘，靠矿物颜料把画面堆高，或者再部分贴金。这种技艺和中国宋代就已成熟的家具漆绘做法有些相似，后者是裱夏布（苎麻），刮瓦灰，刷漆，再在打磨平整的漆地上用色漆描绘形象。

插图23　　天使来报　利皮　1450年
画面中显示出"卡萨盘卡"和"卡索纳"的组合。

插图24　　"十里红妆"场景图

插图22　　佛罗伦萨圣若望洗礼堂大门浮雕　吉贝尔蒂　1452年　婚礼的场景中出现了"卡索纳"。

插图25　　波蒂切利素描稿中出现的"卡索纳"

插图 26 　古罗马石棺

插图 27 　"卡索纳" 佛罗伦萨 1500 年

插图 28 "卡索纳" 佛罗伦萨 1450 年

插图 29 "卡索纳" 意大利 15 世纪中期

插图 30 "卡索纳" 胡格·萨宾设计 约 1600 年

佛罗伦萨、罗马、米兰、威尼斯等地被认为是欧洲这个时期的橱柜制作中心，或许，米兰和威尼斯的工匠长于几何纹样的镶嵌，而佛罗伦萨、罗马和锡耶纳的工匠更擅长有形象的镶嵌和蛋彩。

卡萨盘卡（Cassapance）是在卡纳索长箱基础上演化而成的一款长椅，几乎就是在箱子上加上木质的靠背和扶手，装饰手法基本相似，一般放置在大厅的正面墙边，显示权威，这款家具被认为是"沙发"的最原始的造型（插图32、34）。

有一种高靠背的矩形椅子，被认为是中世纪封建领主的专用，也用壁毯或天鹅绒装饰座面和靠背（插图35），提高了舒适度，可以说，椅子和凳子的近代化，几乎都始于意大利文艺复兴时期。

插图 31　米兰斯福尔扎城堡中的"卡萨盘卡"局部

插图 32　"卡萨盘卡"　意大利　约 1600 年

插图 33　　"卡萨盘卡"，意大利 约 1600 年

插图 34　　"卡萨盘卡"　意大利 约 1600 年

插图 35　扶手椅　约 1700 年

插图 36　餐桌　意大利　16 世纪

收储类家具除了"卡索纳",意大利还出现了陈列柜,专门用于陈列古物或者有价值的东西,也出现了碗柜,造型与陈列柜相似,而另一种立式的柜子卡列敦萨(Credenza),据说主要用于化妆,造型与现代的橱柜已经非常相似。

文艺复习时期,当书写成为开始普及的时候,书桌也随之成为家具中主要的类型出现了,桌子的高度偏高,桌面不是现代的水平面而是斜面(插图37)。

插图38 硬石镶嵌桌面 佛罗伦萨 16世纪晚期
可能是佛罗伦萨大公专供作坊出品

插图37 圣纪尧姆在书房 安托内罗 约1470年
油画绘制的画面中显示出倾斜的书桌

餐桌在文艺复兴时期也进入了富人家庭,装饰豪华,桌面通常用厚的木板或者大理石,桌脚或者用木头,或者也用大理石,有些桌面已经采用拼花大理石工艺(Pietre Dure)。这种工艺被认为在古罗马时期就已经用于家具,把玉石、琉璃、玛瑙以及彩色的大理石拼装成形,自然十分华丽,这个工艺在后来的欧式家具中被广泛运用,成为经典的装饰工艺(插图36、38)。

这期间,意大利的床可以分为两种,一种是"四柱式",由四根雕花的柱子支撑顶部的木结构床罩,立面很有建筑感;另一种是"高台式",床面落在一个台座上,台座边有踏板,供人上下床。前一种在柱内挂帷幔,形成蚊帐,后一种从床上方的屋顶垂下帷幔(插图39)。

插图39 乔托 绘画中的床

法国

　　如果说意大利文艺复兴与美第奇家族直接相关的话，法国文艺复兴则兴起于法国"骑士皇帝"弗朗索瓦一世（François I 1494—1547）的艺术狂热（插图 40），是他盛情邀请了堪称艺术史上最伟大的艺术家达芬奇到了法国，给予高度礼仪，并尊以 "师父" 甚至称之为"父亲"，法国新古典主义画家安格尔创作的《达芬奇之死》，也从历史角度表达了对这一艺术皇帝的敬仰。《蒙娜丽莎》虽然出自这位来自佛罗伦萨的艺术家之手，却经法国皇帝之手，永远留在了法国。现存卢浮宫的米开朗基罗和拉斐尔作品也是弗朗索瓦一世收购回国的（插图 41）。同是法国皇帝，另一位也从意大利运回了不少文艺复兴时期的雕塑和绘画，只是，拿破仑采用的方法近乎法国人自己都不齿的掠夺，从威尼斯圣马可大教堂上抢走的四尊青铜马，最终还是从拿破仑为自己建造的那个小凯旋门上拆下，还给了原主人（插图 42）。

插图 41　　垂死的奴隶　米开朗基罗　约 1513 年　法国卢浮宫博物馆藏

插图 40　　法国国王弗朗索瓦一世像　克鲁埃　约 1530 年

插图 42　　四铜马雕塑　威尼斯圣马可大教堂　威尼斯人在 1402 年攻陷君士坦丁堡后运回

插图 43　普利马蒂乔设计的枫丹白露宫

插图 44　枫丹白露宫壁画中弗朗索瓦一世肖像　罗素

　　从16世纪早期的和平使得多年处于征战不定状态的皇室和领主们日渐稳定下来，宫廷和府邸开始建造，巴黎枫丹白露宫的改建成为法国文艺复兴开始的标志，弗朗索瓦一世请来意大利的艺术家普利马蒂乔（Francesco Primaticcio　1505—1570）（插图43）和罗索（Rosso Fiorentino 1494—1540）（插图44）主持了建造，哥特式的发源地由此正式迈进了文艺复兴。从艺术来源讲，法国文艺复兴主要来自意大利文艺复兴的冲击与蔓延（部分也有来自北部弗兰德斯和德国的影响），家具也不例外，只是，和建筑不同的是，家具系统是法国人自己去意大利学习而来的。

　　塞尔索（Jacques Androuet du Cerceau　约1520—1584）率先于16世纪40年代访问罗马，展开建筑和家具的研究，成为法国近代家具史上第一个先驱性艺术家。差不多十年后，返回法国，并于1550年出版了关于家具设计的专著，1559年，他还在奥尔良出版了建筑设计的专著，这部

专著是献给亨利二世的，后者正在接力打造枫丹白露宫。可以说，塞尔索基本确定了一个法国家具的原则，那就是和空间匹配的原则。用于居住的稳定空间越来越多，对与之匹配的室内家具需求也日益旺盛，家具不能一再囿于哥特式的沉重和黑暗，如何更加的舒适，更加有色彩，也更加艺术（插图45）。另一个被认为是法国近代家具特别是橱柜风格的直接创始人是萨宾（Hugues Sambin　约1520—1601）。作为木工大师和建筑师，他主要生活在法国南部的第戎，是第戎木工行会的领班，在1572年出版了自己家具设计稿，古罗马的雕塑造型基础上的装饰人像和拱形设计是他家具设计的核心母题（插图46、47）。

　　总体而言，法国文艺复兴的家具风格可以从时间上分为两个时期，一类终于弗朗索瓦一世（1547逝世），另一类始于亨利二世（1547即位）时代，终于路易十四（1638—1715）的"太阳王"时代，那时，巴洛克的金光照亮了凡尔赛。

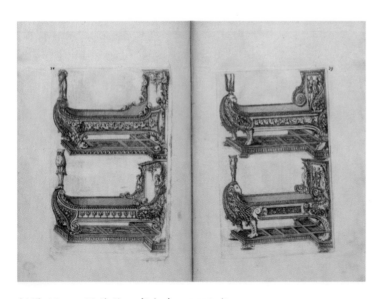

插图 45　设计稿　塞尔索　1559 年

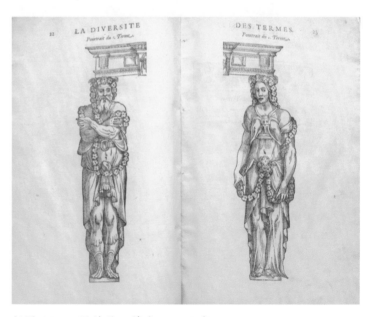

插图 46　设计稿　萨宾　1572 年

插图 47　橱柜　萨宾　约 1570 年

弗朗索瓦一世时期，虽然也受到来自普利马蒂奇乔建筑风格的影响，家具的哥特式传统依然深厚，因此，所谓的创新家具其实多与哥特式样式结合，虽然开始引入意大利样式，但更多参考的是"怪诞式"（Grotesque）风格（插图48），这是基督教国家对起源于伊斯兰国家的高密度几何化（曲线化）和显得很怪诞的人物面部造型相结合的一种装饰风格，处于东西方文化交汇处的威尼斯（以及意大利南部）一度受到这种风格的影响，"繁密"是"怪诞式"与"哥特式"共有纹样装饰特征，出现过纤细的女神、带花环的小天使，但均被及较为繁琐的哥特风格的带状装饰缠绕，因此，弗朗索瓦一世时期的家具尚处于与传统折中的过渡期。

插图 48　　怪诞式纹样示例

插图 49　　餐桌　萨宾（传）

亨利二世起，特别是经历了三十年宗教内战（1562—1598）后，赛尔索等设计师开始产生影响，古罗马柱式、建筑的三角楣、人像柱等古典样式开始在家具中出现，比例变得更加讲究了，这时法国家具开始真正进入文艺复兴，随着1575年，亨利三世在巴黎展开大规模建设，法国文艺复兴达到顶峰。

随着"怪诞式"风格的引入，已经在意大利流行的细木镶嵌和大理石镶嵌等高级工艺也随之传入法国，并在接下来的巴洛克时代成为家具装饰技艺的主流。

但丁椅和萨伏那洛拉椅子已经传入法国，但弗朗索瓦一世时代还传承了具有明显哥特式风格的箱式椅，椅子的下半部没有腿，而是一个可以从座面上打开的箱子，靠背是整面的，带有"怪诞式"的浮雕装饰（插图49）。另一种与意大利高靠背扶手椅相似的椅子在亨利二世时期出现，靠背由背板和后腿往上延伸构成，横板（中国家具中名为"搭脑"）似乎还残留些哥特式窗花风格的装饰，但整体上已经显示出近代化了。"闲聊椅"（Gossip Chair）造型特殊，前部宽，后部窄，扶手呈曲线，虽然靠背还是一块带浅浮雕装饰的整板，但在尺度上显得轻盈起来了（插图50—52）。

由于在建筑空间中还没有固定的餐厅，因此，用于就餐的桌子在16世纪早期还使用搁板的方式，也就是桌面和桌脚可以拆开，容易搬动，桌子的装饰主要在左右两个桌脚部位，采用高浮雕的手法雕刻全身神像、胸像或像柱，也有狮子、公山羊等动物造型，桌脚有横档连接，横档间在竖立一组花瓶装的檐柱造型，可以增加承重。亨利二世后，出现了可以拉伸的桌面，不过，这种款式很有可能是从北部的佛兰德斯传过来的，1598年，亨利四世颁布了"南特敕令"（Edict of Nantes），结束了宗教战争，承认新教享有的权力，流亡的新教徒们得以回国，很有可能也带回了佛兰德斯设计师弗里斯（Hans Vredeman de Vries 1527—1604），他于1565年第一次发表了自己关于建筑和家具的设计稿，其中就有可以拉伸的桌子设计。

贮藏类家具中，早期橱柜依然采用哥特式的造型甚至装饰文艺，带脚的矩形柜结合底座，而亨利二世起，类似建筑的造型开始成型，显示出萨宾和塞尔索等设计师的影响力，古典的柱式、女像柱以及三角楣成为流行的造型母题（插图53—60）。

这个时期床的实物少有留存，从塞尔索的设计图中可以一窥概貌，基本也是来自意大利的四柱床，床脚有龙或者鸟的动物圆雕，柱子采用镟木和浮雕结合的手法，顶上有盖。

插图50　最后的晚餐　德尔·卡斯坦（Andrea del Castagno）　1475年 画面中显示出特殊的长桌

插图 51　闲聊椅　法国

插图 52　箱式椅　法国　约 1600 年

插图 53　柚木浮雕椅　法国

插图 54　立柱式橱柜　弗洛特尔（传）

插图 55　人像橱柜　法国　16 世纪

插图 56　橡木橱柜　法国　16 世纪

插图 57 卢浮宫藏十六世纪的橱柜

插图 58　　胡桃木嵌大理石橱柜　法国　16 世纪

插图 59　小桌　索塞尔（传）

插图 60　化妆台　法国文艺复兴时期

尼德兰

法国新教徒的逃亡始于 1572 年 8 月发生的圣巴塞洛缪节（Saint Bartholomew's Day）惨案，属于胡格诺派的新教徒们遭到大屠杀，23—24 日间，有 3000 多名教徒被杀，这个指令是由当时法王查理九世（Charles IX 1550—1574）的母亲，来自佛罗伦萨家族的凯瑟琳·美第奇王太后亲自下达的，新教徒们逃亡到宗教环境相对宽松的英国和尼德兰，其时，尼德兰还是一个由西班牙国王统治的地区，处于因宗教原因发生分裂的前夜，部分处于社会中下层的法国新教徒，也到了尼德兰，其中不少是手工业者，带来了法国文艺复兴的气息。而尼德兰南部佛兰德斯地区的安特卫普、布鲁塞尔、布鲁日、根特等城市早就和意大利有经济甚至金融往来，1506 年，米开朗基罗就把他的作品《圣母和圣婴》送到了布鲁日，1516—1519 年，拉斐尔设计的挂毯《使徒行传》在布鲁塞尔编织完成，因此，尼德兰艺术家对意大利式的文艺复兴是不陌生的。

其实，早在 15 世纪初，尼德兰文艺复兴已经展开，杨·凡爱克（Jan Van Eyck 1385—1441）革新了油画，并用油画技艺精致地描绘了真实的甚至有些俗气的当代人，《阿尔诺芬尼夫妇肖像》充满了世俗的象征（插图 61、62），也让我们得以窥见中世纪晚期低地国家富人家庭精致的床，从那个时代另一个伟大画家博斯（Hierony Bosch 约 1450—1516）的作品中也能看见下层市井民众简陋的桌椅。

插图 62　　右图局部　请注意新娘后方的床头造型　　　　　插图 61　　　阿尔诺分尼夫妇肖像　凡爱克　1434 年

早期的尼德兰家具往往不可移动，与建筑合一，属于今天室内设计意义上的"硬装"范畴。这种设计至少延续到 17 世纪，著名荷兰画家伦勃朗在阿姆斯特丹的故居中，卧室中的床明显还不能移动，但在他的绘画中，似乎床已经接近现代，可以移动（插图 63）。

对尼德兰家具革新贡献最大的当属上文已经提及的弗里斯，他曾活跃于汉堡、布拉格等地，从事建设设计和家具设计，同时，也是一位优秀的画家，他被认为是 16 世纪尼德兰地区最重要的艺术家之一。他的著作《装饰木工术》（*Differents Pourtraicts de Menuiserie*）在手工业中心安特卫普刊行（还有一种说法是 1588 年在德国沃尔芬比特［Wolfenbuttel］），在建筑和家具设计中引入了古罗马柱式，也引入了人像柱，虽然家具的裙边部位还显示出"怪诞式"的繁杂装饰痕迹，而桌子和椅子腿部采用的球状装饰造型成为后来弗兰德斯家具的典型装饰，并影响了英国伊丽莎白一世时期的家具设计。弗里斯的儿子保罗重新修订了父亲的设计稿，并于 1630 年再次刊行，这次刊行被认为除了一些象征性雕刻造型有所增补外，基本保留了弗里斯的设计（插图 64）。

在技艺方面，细密精工的传统也体现在包括尼德兰的建筑、绘画、雕刻和家具艺术上，他们的木工以其精细的雕刻和镶嵌工艺享誉欧洲，随着艺术表现的需求越来越大，适用于雕刻的胡桃木开始替代橡木，成为后来荷兰、比利时等低地国家的主要家具用材。

橱柜是尼德兰文艺复兴家具中最精美的，建筑的造型，原创的螺旋状柜柱，以及精致入微的人物雕像柱，结合宝石和象牙镶嵌，再加上暗屉的设计，橱柜成为了一件显示财富和艺术品位的另一种家族肖像画。

尼德兰其他的家具也受到法国的影响，别忘了圣巴塞洛缪节惨案迫使不少信奉新教的匠人逃到这里，萨宾的设计也受到欢迎，聊天椅的软包和当地的羊毛织毯协调的结合，也是一大特色，萨伏那洛拉椅子在伦勃朗时代还在使用，那已经是荷兰的巴洛克时代了。

插图 63　死亡与财迷　博斯　约 1490 年

插图 64　　设计稿 1　可以延伸的桌子　弗里斯　1565 年

6

插图 65　　设计稿 2　弗里斯　1565 年

插图 66　伊森海姆祭坛画　画面左侧似乎显示出豪华的四柱床

插图 67　伊森海姆祭坛画　格吕内瓦尔德　约1500年

德国

"德意志人民不知道什么是豪华奢侈，即使是在最大的领主中，也见不到奢侈品。大约在 1689 年，这些奢侈品才被出逃的法国难民们带到德意志这片土地。"

上述这段文字出自法国思想家伏尔泰的传记体小说《路易十四》，但这段话似乎更多的反讽了法国封建制度盛期消费文化的奢靡，这股奢靡之风带来的其实是巴洛克艺术，而现存德国文艺复兴时期的家具并非真如伏尔泰想象的那样不堪，纽伦堡、奥格斯堡等地最晚在 16 世纪初就已经开始借鉴与之不远的意大利的家具样式和工艺了，与哥特发祥地法国接壤的西部和北部，哥特风格残存较长，直到 16 世纪末受荷兰、佛兰德斯影响才走上变革，变革中的的家具从荷尔拜因（Hans Holbein 1497—1543）的《伊拉斯谟尔肖像》中能窥见"怪诞式"风格的家具（插图 65、66、68、69），而格吕内瓦尔德（Mathis Grunewald 约 1455—1528）的《伊森海姆祭坛画》中上帝所坐宝座几乎仍然处于中世纪哥特式样（插图 67）。

插图 68　　伊拉斯谟肖像　荷尔拜因　创作时间不详

插图 69　　托马斯·莫尔家庭肖像　素描稿　荷尔拜因　背景的家具明显呈现固定的"硬装"特征

插图70　伊拉斯谟肖像　铜版画　丢勒　1526年

插图71　书房中的耶罗姆　丢勒　1514年
画家以高度的写实手法描绘出书桌和椅子的精细结构

应该说，德国的马丁·路德（Martin Luther 1483—1546）（插图74—78）才是欧洲文艺复兴的终极推手，是他几乎单枪匹马掀起了宗教改革的新浪潮，把人与上帝必然的从属关系中剥离，人开始认识到自己的独立与自由。路德的好友老卢卡斯·克拉纳赫（Lucas Cranach the Elder1472—1553）到访过威尼斯，与威尼斯画派的奠基人，英年早逝的天才乔尔乔内（Giorgione 1477—1510）见过面，一定也见识过当地正流行着的"怪诞式"家具工艺。在为威登堡选侯服务期间，除了从事绘画创作外，还为贵族们设计狩猎用品包括帐篷、家具甚至徽章纹样等。另一位号称"德国的达芬奇"的艺术家丢勒（Alfrecht Durer 1471—1528）（插图70、71），早在1494年就访问过佛罗伦萨，并与拉斐尔见面。长期活跃在纽伦堡的丢勒留下的手稿中有没有家具的设计目前还不清楚，但与他同期活跃在纽伦堡的建筑师、装饰设计师弗洛特尔（Peter Flotner 约1485—1546），也曾到意大利，研究与拉斐尔绘画相匹配的空间，展开室内装饰和家具设计，引入室内装饰、家具、木雕等，通过木版画，为木工及工匠们提供线脚、门、壁面、建筑细节等设计图稿（插图72、73）。另一个同在纽伦堡的尚不知真名的艺术家"H·S 大师"（H·S Master）早在1530年左右就刊印了有25张木版印刷的家具设计图册，并流传到尼德兰地区，这几乎是近代史上最早的家具设计出版物。

因此，可以说，德国家具设计是在规避了自身艺术资源缺乏的情况下，充分借鉴意大利的丰富资源，并利用当时欧洲最领先的印刷技术展开传播，使德国的艺术状态得以突飞猛进，上述提及的德国文艺复兴那几位最著名艺术家几乎无一例外的熟悉并利用了印刷术。

橱柜是德国家具的亮点，擅长精工的德国人充分发挥了镶嵌技术和细腻的雕刻技艺，用工多在正面，雕刻中还出现了名人的头像，反映出德国以及尼德兰等地这个时期流行的肖像时尚，栎木成为这个时期用作雕刻的主要材料，罗马柱式、人像柱式、小天使以及莨苕叶等古典母题渐渐替代了哥特的尖塔造型和"怪诞式"的波状曲线。相比橱柜，其他家具如桌椅等革新设计相对滞后，1685年，"太阳王"路易十四废除了容忍新教徒的《南特敕令》，引发大约二十万新教徒逃亡，巴洛克时代的到来，德国才进入全新的家具系统化设计与制作。

插图 72　床的设计稿　弗洛特尔　　　　　　　　　　　　　　　插图 73　帐篷设计　克拉纳赫　约 1554 年

插图 74　马丁·路德夫妇肖像　克拉纳赫　1525 年

插图 75　细木拼花橱柜　德国　文艺复兴晚期

插图 76　细木拼花橱柜（局部）　德国　文艺复兴晚期

插图 77　　细木拼花橱柜　德国　16 世纪晚期

插图 78　　细木拼花橱柜　纽伦堡　17 世纪早期
该柜由松木、橡木、胡桃木、水曲柳、桦木等木头拼花而成

第二章 巴洛克

"我们即将离开花园，穿越同一扇门，恰似我们曾经进去……"

—— 路易十四

"高贵的单纯，静穆的伟大"，这是德国艺术史家温克尔曼（Johan Joachin Winckelmann 1717—1768）对古罗马艺术的溢美之词。年轻的米开朗基罗显然早已感悟到这种"古典"气质，并企图将这种气质秉承始终，但在时代变更的激越与人性复苏后的躁动中，艺术家也无法控制自身的情绪，哪怕是刻意的掩饰，最终也能被后人抽丝剥茧地洞察，而米开朗基罗那些不甚掩饰的扭曲性的形式创造（插图1、2），竟然间接地开启了一个艺术的新时代，从16世纪中晚期到17世纪中期，整个欧洲的主流艺术都充斥着运动与色彩的主题，这段艺术狂潮被后来的人文学者布克哈特为"巴洛克"（Baroque）。

巴洛克原意为畸形的珍珠，也含有不整齐、扭曲和怪诞的意思，正好成为讲究对称、造型有序、装饰母题明晰的文艺复兴艺术的反驳。欧洲艺术史就此展开了典型的矛盾对立发展的艺术循环演进，从艺术的角度印证了当代思想家卡尔·波普尔（Sir Karl Popper 1902—1994）关于文明进程是"猜想与反驳"的演进过程的学术假说。

巴洛克艺术的最早发源于意大利罗马的天主教教堂建筑，其后传播到几乎所有欧洲国家，并迅速辐射到绘画、雕塑甚至文学、音乐等，欧洲第一次整体迈入由某种观念一统天下的艺术世界（插图3、4）。

作为一种艺术形态，家具也进入了巴洛克。

有趣的是，虽然巴洛克起源于16世纪的意大利，但巴洛克家具的滥觞却不在意大利本土。约在1620年至1640年间，在荷兰兴起了巴洛克家具，紧接着法、英、德、意等国家，也都进入了巴洛克时代，法国国王路易十四时期（Louis XIV 1638—1715）的巴洛克家具，最富盛名，跃居欧洲各国的主导地位，成为巴洛克家具的典范。

插图1　基督下十字架　米开朗基罗　1545—1555 年

插图2　西斯廷礼拜堂天顶画　米开朗基罗　1536—1541 年

插图 3　圣德列萨祭坛　贝尔尼尼　1645—1652 年

插图 4　酒神巴库斯　卡拉瓦乔　1596 年
艺术家绘画中的世俗性成为巴洛克艺术的重要特征

法国

凡尔赛宫

1643年，年仅五岁的路易登基，18年后，路易十四正式亲政，成为欧洲历史上在位最久的国王。那年，路易十四正式启动凡尔赛宫的建设，法国历史上的第一个以建筑为代表的艺术高峰来临。在这个平行的历史偶然中，东方的中国在同时期也出现了一位中国历史上在位最久的皇帝——康熙，一位自封为"太阳王"，一位被誉为"哲圣"，前者留下了凡尔赛宫，后者建造了圆明园（插图5—7、10、12）。

路易十四自小遭遇了"投石党"叛乱，有过从巴黎逃亡的经历，因此，在巴黎郊区大兴土木，建造凡尔赛宫，其中一个动机被认为是企图离开曾经让他恐惧的地方，当然，以王权一揽、集中管理当时势力割据的法国贵族这一举措，显示出其真正的政治目标，贵族们入住这座在当时堪称欧洲第一豪华的宫殿后，权力消失殆尽。

凡尔赛宫也被认为是路易十四企图展示自祖父亨利四世以来，积累的强盛国力，但豪华和艺术却严重消耗了国家财政，这个巨大的缺口成为后两代国王挥之不去的梦魇，也成为贵族、商人和平民之间的怨恨聚集的火药桶，最终在路易十六时代爆发，导致了1789年的法国大革命，自那以后，从弗朗索瓦一世伊始，积淀下来的深厚艺术滋养，得以自由与平等的表现，法国艺术真正开始主导欧洲艺术。

在王权高度集中的制度下，建筑往往成为显示权威的一种手段，在路易十四大规模建筑新王宫的时代，欧洲其他国家如意大利、荷兰等权力松散或者几乎进入共和民主的国家，反而在艺术的其他方面如雕塑、绘画、音乐等更具人性近距离的形态中高歌猛进，相比之下，法国绘画在巴洛克时期泛善可陈，几乎就是建筑"装饰"的一个元素而已，同样为建筑服务，家具成为这个主题中的一个重点。

插图5　　路易十四胸像　贝尔尼尼　1665年

插图 6　　路易十四和家人　尼古拉斯·德·拉吉利埃（传）
画中的椅子呈现出明显的巴洛克特征

插图 8　　马扎然肖像

插图 7　　路易十四的婚礼　1660 年
画中的椅子尚未体现出巴洛克特征

插图 9　　勒布朗肖像
尼古拉斯·德·拉吉利埃　1683—1686 年
画面中的椅子尚未出现巴洛克特征

插图 10　路易十四肖像　画面中出现了硕大的巴洛克风格宝座　亚森特·里戈　1701 年

插图 11　哥白林工坊制作壁毯　勒布朗设计　约 1680 年
图中可见巴洛克风格的台子和白银家具

插图 12　凡尔赛宫全景　皮埃尔·帕特尔　1668 年

　　凡尔赛建造过程本身已经显示出权力的高度集中，在财政总监柯尔贝尔（Colbert Jean Baptiste 1619—1683）的直接监管下，艺术家勒布朗（Charles Le Brun 1619—1690）（插图 9）被指派为室内设计和艺术装饰的总监，统一人士管理、设计风格，甚至加工工艺，原来属于非官方作坊的"哥白林工坊"（插图 11）在路易十四亲政当年就被王室收购，并在 1667 年被指定为皇家作坊（Gobelins Manufacture Royale des Meubles），哥白林工坊原本由著名的红衣主教、法国宰相马扎然（Giulio Raimondo Mazzarino 1602—1661）（插图 8）控股，主要从事壁毯、地毯等编织类艺术品的设计与加工，也制作部分家具，在勒布朗管理期间，家具制作成为一个独立工种和部门，勒布朗亲自

参与设计，监管施工工艺（陶瓷由塞夫勒工坊"Manufacture Nationale de Sèvres"单独承接）。亨利四世时期开始重建的卢浮宫被用于匠人们集中工作的地方，来自德国、意大利、荷兰和法国本土的设计师和工匠们，在这里共同工作，共同打造路易十四个人喜爱的巴洛克风家具。这些艺术家和工匠们宗教信仰各有不同，有天主教也有新教，直至 1685 年，路易十四废除了容忍宗教自由的"南特敕令"，这一重大谕旨导致大量新教徒工匠逃亡，流散到到荷兰、德国、英国以及美国等地，其中包括著名的家具师马罗（Daniel Marot 1663—1752），法国巴洛克家具居然因此也得以传播。

插图 13　　细木拼花桌面　传为高尔为马扎然制作　约 1650 年

艺术家和工匠们

在凡尔赛宫的建造工程浩大，建筑面积就超过 6 万 7 千平方米，而园林及建筑总占地近 80 平方公里（1789 年法国大革命前的数据），除了资金的难度外，人才的紧缺也是当时面临的一个重要困难，1666 年，法兰西学院开始专门设立了"罗马奖"，通过创作竞赛的方式，遴选国内优秀艺术人才，由法国政府出资送至罗马接受四年的再学习。另一方面，也大量引进国外优秀艺术家和工匠，参与凡尔赛宫的建设，在家具设计与制作方面，甚至可以说几乎是国外家具师奠定了法国巴洛克家具风格的基础。

荷兰籍家具师高尔（Pierre Golle 约 1620—1684）从 1640 年代就在巴黎从事家具制作了，被认为是路易十四风格的创始人之一。据说高尔由马扎然招募到哥白林工坊，工坊当时还属于主教自己的产业，也就是说，路易十四亲政前，高尔已经带着自己的技艺和风格到了巴黎。高尔主要制作有细木镶嵌、金属镶嵌以及带有雕刻工艺的贵重家具。他还在哥白林工坊率先使用的由象牙、乌木以及动物骨骼（如玳瑁壳）等多种材料组合的"细工镶嵌"（Marquetry）工艺，这种特殊的材料技艺在公元前 1 世纪曾被罗马人使用，长期失传，目前所知的，是高尔再次运用了这种工艺，他为马扎然的文森城堡（Chateau de Vincennes）制作的家具中，一张桌子就使用了玳瑁为主的镶嵌工艺，显然，高尔家族为这个欧式家具的经典工艺的复兴作出了决定性贡献，现在广为人知的是，巴黎当地设计师布尔（André Charles Boulle 1642—1732）将这种镶嵌工艺发挥至极至，成为欧洲家具史中著名的"布尔镶嵌"，而布尔是高尔的女婿，极有可能得到了高尔的真传，高尔还有一个弟弟安得利（Adriaan 生卒不详）也是家具师，曾同在哥白林工坊，而引发法国巴洛克家具传播的重要家具师马罗是高尔的外甥（插图 13—15）。

高尔或许还是最早在哥白林工坊引入大漆工艺的家具师，而这个工艺应该首先被荷兰匠人研发掌握，当时的欧洲大陆，由于荷兰东印度公司（成立于 1602 年，早于法国东印度公司近六十年）较早与东方的中国和日本展开贸易，发现了漆艺的魅力，因此开始引入，并在荷兰设立漆作工坊，雇用日本漆工到工坊参与制作，传授技艺秘诀，17 世纪中叶，靠近荷兰和德国边境的斯巴（Spa）已经成为欧洲的漆艺主要中心了，不难设想，高尔应在荷兰接受过这类工艺的培训，自然也见过来自日本的标准漆器。现存阿姆斯特丹国家博物馆有一件体型颇大的日本漆箱，采用了最为经典的"莳绘"技法，制作时间不晚于 1641 年（当年荷兰商人在日本平户市经营的荷兰商馆停业，这件漆器被认为是停业前从日本购得）。这件漆箱原初是马扎然的收藏，1658 年从阿姆斯特丹购入，因此，可以设想，高尔利用漆工艺制造家具这一现象，已经显示出当时欧洲上层人士对东方漆艺术的偏好了。现存被认为是高尔作品的柜子显示出高尔对漆的使用呈现出两种状态，一种是将漆用作颜料作装饰性的形象描绘，另一种是全黑的素髹，打磨精细，成为别的装饰材料（如金、螺钿）的对比底色，不过，高尔所用的漆不是真正的中国大漆（Lacquer），只是一种带有合成性的山达树脂（Sandarac）。这两种方式都被后来的法国、英国、德国等欧洲的家具师充分发挥，特别是描绘技艺，成为后来统称"中国风"的一个重要装饰技艺（插图 16—18）。

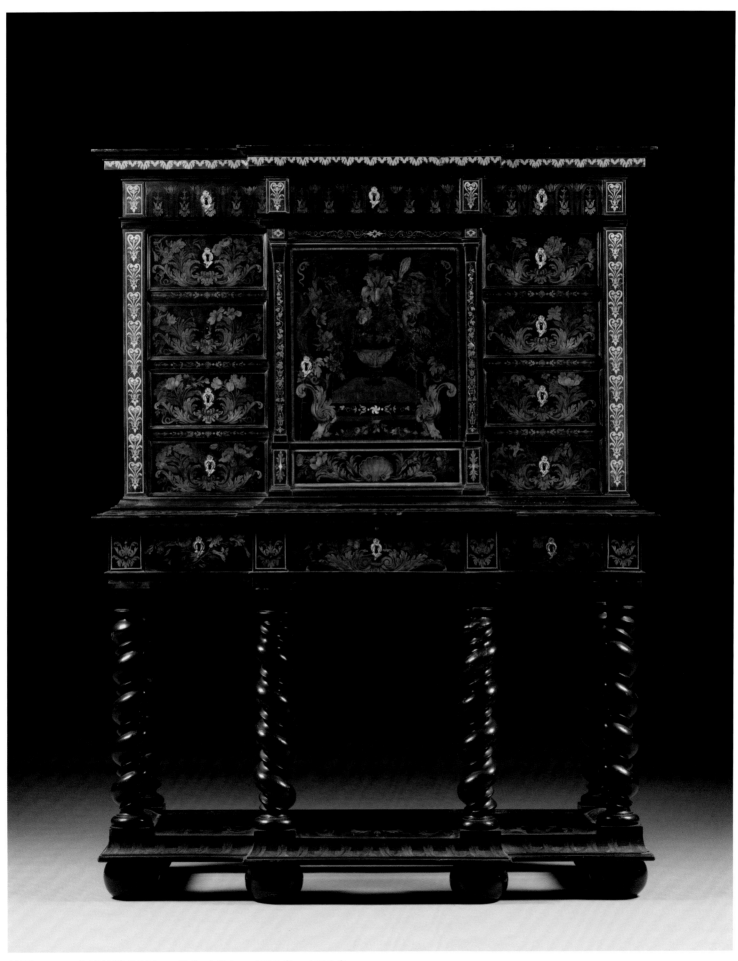

插图 14　　多材料镶嵌橱柜　高尔（传）　　1620 年—1684 年
材料包括黄铜、梧桐、乌木等

插图 15　前图 "多材料镶嵌橱柜" 局部 高尔（传）

插图 16 "马扎然漆箱"箱顶 日本 1641 年前

插图 17 "马扎然漆箱" 日本 1641 年前

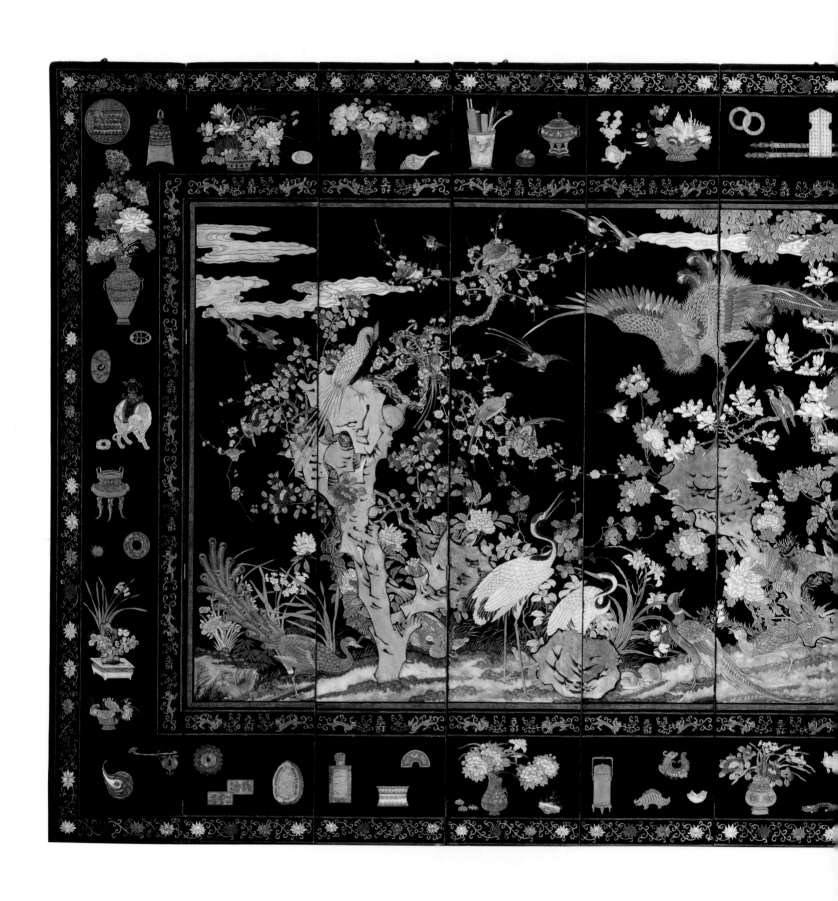

插图 18 　 "科罗曼多" 屏风 　 中国 　 17 世纪

马罗（Daniel Marot 1663—1752）是高尔的外甥，除了跟舅舅学艺外，还向当时同在哥白林工坊的雕刻家皮埃尔·勒波特（Pierre Lepautre 1659—1744）学习雕刻，也曾在布尔的私人工坊实习，因此，在哥白林期间，马罗的家具技艺可算是集众家之长。高尔在"南特敕令"废除前过世，而他弟弟和外甥则因此逃离法国，马罗先到荷兰，为当时在荷兰的英国玛丽王妃工作，1694年，马罗随王妃到英国，在英王的汉普顿宫工作了四年，其中，还采用进口的中国漆屏风装修了一间"中国房间"。1702年，他的设计资料在阿姆斯特丹以铜版画的方式出版，十年后修订再版，广为传播，可以说，马罗为路易十四风格的巴洛克家具在欧洲广泛的传播起到了重要作用（插图19—21）。

库奇（Domenico Cucci 约1635—1704）也被认为是法国巴洛克家具的创始人之一，他出生在意大利北部或中部的教皇管辖地，有可能在罗马学过雕塑，在当时巴洛克建筑和雕塑的艺术中心掌握了巴洛克风格，他应该还在佛罗伦萨学习过家具技艺，能熟练地运用大理石镶嵌技艺。库奇也是应马扎然之邀，于1660年左右到了巴黎，开始在哥白林工坊，他于1664年入法国籍，因此，通常被认作是法国人。库奇一度作为家具工坊的领导，为凡尔赛及其他王室宫殿制作极度豪华的橱柜，使用了大量的青铜镀金、玳

瑁和青金石等工艺和材料做装饰，这些工艺后来几乎变成了法国顶级家具的标准。库奇在哥白林一直工作到1693年，那年，勒布朗因为柯尔贝尔的过世而失去对哥白林的管理权，当然，也与路易十四因财务紧张而缩减家具生产量有关，库奇离开哥白林时，皇家工坊本身已经处于歇业状态并于1699年正式关闭。离开工坊后，库奇通过展开个人业务，为欧洲其他王宫贵族制作家具，他有两个女儿，都嫁给了家具师（插图22、23）。

插图19　室内设计稿　马罗　1702年

插图20　墙面及壁炉设计稿　用材为漆版、陶瓷等

插图 21　房间镶板和壁炉　马罗设计于 17 世纪末 18 世纪初

插图 22　硬石镶嵌橱柜　库奇　1675 年左右

插图 23　硬石镶嵌橱柜　库奇

在法国家具史上，布尔被认为是最伟大的家具师，据说，柯尔贝尔就曾亲口告诉路易十四"在巴黎的家具师中，布尔在装饰技艺和设计方面是最优秀的"。

布尔来自一个家具世家，他的祖父在路易十三时代就为王室做家具，其父亲也是一个木匠。布尔早年学习绘画，1669 年还卖了两张画给王室，据传，贝尔尼尼到巴黎访问的时候，布尔曾登门拜访，得到大师在艺术与设计方面的建议。老一辈设计师兼雕刻师约翰·勒波特（Jean Le Pautre 1618—1682）也为布尔提供了大量的设计，勒波特以构图华丽、雕工精致著称，他创作了大约 1500 件的木刻作品，充斥着丘比特、花纹、旋涡纹等装饰，堪称当时家具师们的设计库。

1672 年，布尔成为皇家首席家具设计师，并拥有了由路易十四亲自分配的卢浮宫画廊（当时法兰西美术学院所在地）中象征身份的一套公寓，公寓是分给"工艺最好的家具师"。不过，似乎布尔为皇室全职服务的时间并不长，他很早就拥有自己的私人工坊，接受来自国内外皇室贵族的订单，据说在 1704 年，法王还曾就布尔私自揽活表示严重的不满。

布尔确实算是一个神话，声名远扬欧洲，却没有几件家具被确证是出自他手中，很多号称布尔的家具都是布尔死后制作的，有些就是 19 世纪甚至更晚的仿制品。有确切证据出自布尔的一件橱柜藏于凡尔赛，另外几件分藏于伦敦的华莱士收藏馆（the Wallace Collection）、纽约的大都会博物馆（the Metropolitan Museum）以及列宁格勒的冬宫博物馆（the Hermitage Museum）（插图 24—38）。

插图 24　办公桌设计稿　布尔　约 1715 年

布尔的成就主要体现在三个方面，第一，他率先提出家具制作的分工理念，通过有效的程序管理和工种组织，将不同匠人的优势技艺共同集中在一件家具中，在布尔自己的工坊中，常年有大约二十名匠人，分属不同工种，这样，布尔在实质上是家具制作的管理者，所谓"布尔家具"应该算是工匠的集体作品，再加上那个时代还没有签名制度，考证布尔亲手之作自然就较为困难了。值得对比的是，工艺技艺的程序化设计与管理在中国的秦代就已趋成熟，兵器制作的程序化设计使得秦国的兵器量多质好，数量庞大、尺寸精准而统一的兵器让后人产生出关于"标准化"的现代生产管理的联系。汉代奢侈品漆器的制作也同样采用了程序化分工方式，从制胚、髹漆，到纹样装饰甚至打磨、监工等环节，均由专人执行，并最终在漆器上由专人书写记录每一道工艺的制作人，责任管理一目了然，汉代漆器因此成为中国漆器史上的一个高峰。

第二，布尔通过分工的方式，把当时具有制作难度的高级装饰技艺组织到单体的家具中，来自荷兰的细工镶嵌还是佛罗伦萨的硬石镶嵌技艺，在"布尔镶嵌"中均得以发挥得淋漓尽致，为了体现家具的工艺和材料的艺术价值，布尔甚至还使用了从印度和巴西进口的不同颜色的木料，值得庆幸的是，布尔以及类似欧洲家具师们对高级木料的使用一直出于设计的装饰审美，而非单一材料自身的审美，对高级木料的需求相对有限，没有引发欧洲对木料的追逐狂潮，拉美和东南亚的森林尚能保存至少到 20 世纪，而对木材自身的审美却是中国家具的一个重要审美传统，在当代，传统中式家具的自恋式消费及审美，带来的或许是大量原始森林彻底消失的生态恶果。

第三，布尔创新性地设计了家具，正如柯尔贝尔所说，他在家具设计方面所具备的才能也堪称一流，布尔家具真正确立了法国巴洛克家具的形态。两款经典家具出自布尔设计，一款是书桌，一款是五斗橱（Commode），弯曲而有力的造型，复杂而豪华的装饰工艺成为这两款家具的核心特点，这也正是后人认定的路易十四的辉煌，巴洛克的特征。

布尔对时代风格的把握和表达不是偶然的，他对于工艺和艺术风尚的捕捉力至少来源于对艺术资讯敏感，上文曾提到，他与巴洛克大师贝尔尼尼有过"友好"的会晤，而有更详细的资料记录了布尔的艺术品收藏，包括拉斐尔的设计手稿、鲁本斯的速写、甚至卡拉瓦乔的油画及勒布朗等众多法国当代画家的作品，有些疯狂的收藏甚至让布尔经常入不敷出，而这些或经典或前沿的艺术最终成为布尔的设计资源。他的成就或许可以归纳为：通过科学的管理，以匠人的精微为家具注入艺术的气质。

插图 25　烛台设计　布尔　约 1715 年

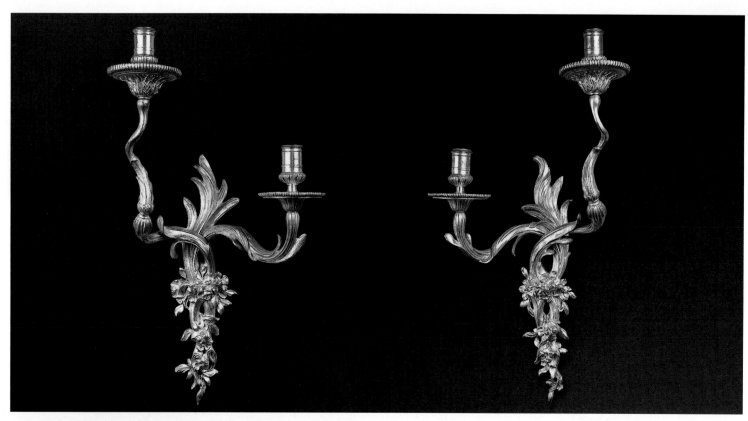

插图 26　烛台一对　布尔（传）

插图 27　右图局部

插图 28　橱柜　布尔　美国大都会博物馆藏

插图 29　五斗橱　布尔（传）　美国大都会博物馆藏

插图 30　　小橱柜　19 世纪晚期
依据布尔原作尺寸和材料制作，材料主要有金、黄铜、玳瑁及乌木

插图 31　布尔风格小橱柜　19 世纪

插图 32　布尔风格小橱柜

插图 33　布尔风格橱柜 1

插图 34　布尔风格橱柜 2

插图 35　　布尔风格橱柜 3

插图 36 　橱柜　布尔　法国卢浮宫博物馆藏

插图 37　　左图局部 1　　　　　　　　　　　插图 38　　左图局部 2

椅子

伴随凡尔赛宫的建设，为彰显国王的权力，规定贵族的行为，路易十四主导完善了一整套极为繁复的宫廷礼仪，家具系统也纳入礼仪仪轨之中，在不同空间，不同场合，家具的摆设及使用均称为礼仪的一部分。礼仪制度下的不同生活需求，促进了西方家具第一次根据功能、形态甚至象征价值的细分，家具系统得以建立。

总体而言，椅子从路易十四的祖父亨利四世时代已经显示出较为明显的变化了，那就是以椅子的尺度显示礼仪，高靠背的扶手椅是正式的，具有主人性质，而其他地位或级别较低者，只能坐无靠背的凳子，到了路易十四时代，这种礼仪分得更详细，高靠背扶手椅最高级，其次是高靠背无扶手椅，再其次是无靠背的凳子。关于椅子的象征，据说路易十四曾经给他弟弟讲过下面一段意味深长的话：

"亲爱的弟弟，我想你也同意我的观点，君权不应该被以任何方式削弱或者改变，倘若有一天，你从奥尔良公爵变成了法兰西国王，我相信你也绝不会在这个问题上妥协。在上帝面前，你和我都是平等的有呼吸的生物，在普通人面前，我们同样看起来更为高贵、精致和完美。如果人们抛弃了对君主的尊敬和崇拜，认为我们和他们是平等的，那么我们的地位和威信则会遭到彻底的破坏，我们本应该成为他们的领袖和支柱，如果没有特权，那我们所发布的法律将成为一纸空文，你的无把手的椅子，和我带把手的椅子一样，都是地位的象征，同等重要。"

在装饰上，椅子最大的特征在于软包工艺的全面引用，传说亨利四世十分迷恋丝织物，甚至下令在皇宫杜伊勒里宫里的花园里种植桑树养蚕。路易十四时代起，椅子几乎全部采用软包来装饰靠背和座垫，大大增加椅子的舒适度，而舒适度是现代家具人机理论的一个核心要素，到路易十四晚期，扶手也用软包作局部装饰。椅子结构开始简化，之前用于支撑前腿或连接四只腿的X形状横档取消，椅腿的曲线造型显示得更清晰，运动感也更明显了，这一风格几乎一直贯穿了法国后来的古典类家具始终，由于大面积使用了丝质、棉质和皮质软包，椅子骨架成为装饰焦点，从设计逻辑上推敲，导入曲线成为必然，而雕刻和贴金成为主要装饰技艺。（插图39—45）

插图 39　扶手椅　马罗（传）

插图 40   路易十四式高靠背椅   约 1900 年

插图 41　路易十四式扶手椅

插图 42　　路易十四式扶手椅　17 世纪

插图 43　路易十四式扶手椅　法国卢浮宫博物馆藏

插图 44　　路易十四扶手椅　美国大都会博物馆藏

插图 45　扶手椅　马罗风格

桌子

布尔的创新设计让桌子成为这个时代家具的典范，正如上述提及的椅子结构的简化，布尔也改变了文艺复兴甚至更早的桌子的结构，取消了连接桌腿中部的横档或底部的"托泥"，桌子也变得简练，曲线的桌腿让桌子也开始富有运动感了，但这个样式在路易十六时期才开始真正流行。而现存可能跟布尔有关的桌子是现藏于卢浮宫的一张带一只座钟的桌子，据说是德国选侯马克西米连二世在 1723 年造访布尔作坊时定购的，还有一种说法是这件桌子是一个签名 B, V, R, B（Bernard II van Risen Burgh 约 1700—1765）的家具师的作品，或许正是这位名叫"贝纳德"的家具大师，最终将布尔设计的两款经典家具发扬光大（插图 47）。

除了布尔风格的桌子外，来自意大利的风格也很明显，高度雕塑化的桌架或者全部贴金，或者贴金再结合螺钿、青金石镶嵌，而桌面或者是整片的大理石，或者再彩色大理石镶嵌，显示出哥白林工坊的工艺多样性（插图 46）。

勒布朗设计的挂毯中清楚地描绘了哥白林使用白银制作的家具，后来被融化造币，留下一段关于奢靡的传奇。

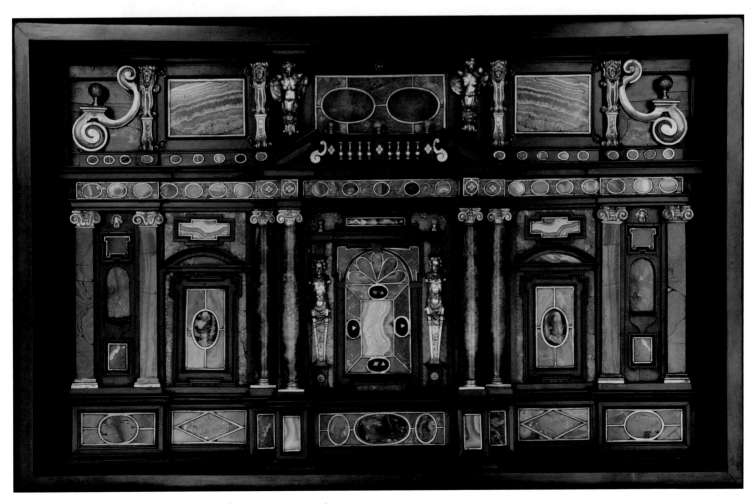

插图 46　青金石镶嵌"罗马柜"　意大利　约 1620 年

插图 47　布尔风格写字桌　法国卢浮宫博物馆藏

插图 48　办公桌　布尔　约 1720 年

插图 49　办公桌　高尔（传）

插图 50　　细木镶嵌桌　高尔　美国大都会博物馆藏

插图 51　　细木镶嵌桌（桌面）　高尔　美国大都会博物馆藏

插图 52　　细木镶嵌办公桌　高尔（传）

插图 53　　细木镶嵌办公桌　高尔　约 1680 年

插图 54　　路易十四式细木镶嵌办公桌　依据高尔设计制作

插图 55　　"路易十四办公桌"　采用了"布尔工艺"，材料包括玳瑁、黄铜、铅锡合金以及乌木等，这张桌子被认为是萨科（Sageot 1666—1731）制作，时间大约在 18 世纪初

·110·

插图 56　路易十四时期办公桌　让·贝朗（Jean Berain 生卒不详）制作　美国大都会博物馆藏

插图 57　路易十四式办公桌　布尔风格　约 1680 年

橱柜

17 世纪早期，意大利风格的柜子在法国受到欢迎，这可能与当时的国王路易十三的个人偏好有关。红衣主教马扎然出生在意大利，早年主持哥白林工坊时，是他引进了来自意大利的库奇，后者成为路易十四时代早期意大利橱柜家具的代表人之一，雕塑、雕刻以及大理石拼花、贴金等工艺技艺充分地展示出来自意大利的豪华与亮丽。而他引进的以高尔为代表的荷兰风格也非常突出，直线的结构配合复杂精细的拼木镶嵌工艺形成较为冷静的家具特征，因此，法国橱柜的风格几乎就是当时欧洲风格的集合体。

法国橱柜的真正高峰荣归布尔，以现藏卢浮宫的柜子为例，超高的尺寸（高度 286 厘米）显示出这件家具非凡的宫廷身份，各种装饰手段是综合使用，使布尔成为真正汇集来自荷兰和意大利等地方家具制作的最高技艺，修长的柜身在比例上流露出一股明显的古典的优雅，这种优雅还来自柜面藤蔓的疏密，以及柜边以及底部和顶部带装的线条和纹样装饰，优雅或许才是法兰西的审美核心，在笔者看来，是布尔最早通过家具体现了这种气质，比法国画家们的发现可能还早二三十年。这件被估计最终完成于 1720 年的家具，雕塑的造型被认为借用了画家柯内尔（Michel II Corneille 1642—1708）在凡尔赛宫里的作品《苏格拉底向阿斯帕西娅问道》，古典的题材结合柜子主体的直线，让人不能不产生出联想，那就是：晚年的布尔似乎企图回归古希腊（插图 58、59）。

经典的布尔五斗橱原初是为凡尔赛的大特里亚农宫路易十四的寝宫制作，现藏于凡尔赛的国王正殿。弯曲的柜腿组装了镀金的兽脚，硕壮而有力量，充满膨胀感，束腰部位的天使又传递出一份优雅，黝黑的乌木反衬了真金的亮丽，整片的深红色大理石也显示出一种沉稳的华贵。这款五斗橱的基本造型被其后的法国家具师反复利用，有些甚至是直接依据数据精确复制，成为一款经典的法国家具。（插图 48—57、60—63）

插图 58　苏格拉底向阿斯帕西娅问道
孟斯亚　（Nicolas Andre Monsiau 1754—1837）

插图 59　苏格拉底向阿斯帕西娅问道　柯内尔

插图 60　　小橱柜　布尔　约 1690 年　美国克利夫兰美术馆藏

插图 61　小橱柜　高尔（传）　1670 年

插图 62　高尔橱柜　荷兰阿姆斯特丹市立博物馆藏

插图 63　细木拼花橱柜　高尔（传）　约 1680 年

意大利

巴洛克艺术被认为发源于意大利的罗马,这种热烈的、运动的、色彩的甚至有些色情的艺术最初推手却是宗教系统,意大利巴洛克绘画的肇始者卡拉瓦乔(Michelangelo Merisi da Caravaggio 1571—1610)。大量主顾都是来自罗马教会,教皇乌尔班八世和英诺森十世都被认为是巴洛克艺术的爱好者,巴洛克雕塑大师贝尔尼尼(Gian Lorenzo Bernini 1598—1680)的划时代雕塑《圣德列莎》就是为圣玛利亚教堂创造。纵观历史,这也是宗教最后一次推动艺术的大发展了,教会需要建筑、雕塑和绘画来展现上帝的荣光,巴洛克的戏剧性和场景化拉近了教义与信徒的关系,而宗教场所倒不怎么需要大量的家具来让自己或信徒们享受。

在世俗层面,此时的意大利已经没有像文艺复兴时期美第奇家族那样的超级富豪或权贵来赞助甚至主导艺术的创新与发展了,这与同期的法国、英国形成较为鲜明的对比,特别是法国,利用高度集权,动用国家资金,设立国家研究机构及工坊,广泛招募艺术人才,完善行会制度,展开方向明显的艺术创造,终于在17世纪一跃而成欧洲艺术的中心,相比而言,此时的意大利,在政治上尚处于公国割据状态,各自不平衡地发展。但从地域文化角度看,意大利拥有古希腊罗马甚至拜占庭等深厚艺术资源,在一定程度上竟然成为欧洲的艺术图书馆,其他各国艺术家的灵感来源地了。倒是靠近法国和德国的北部部分城市如热那亚、都灵等地的家具制作在当时成为行业的关注点,而同处意

插图64　圆桌　卡菲耶里　1669年

大利北部的威尼斯，长期作为一个政治共和、重商重金融的城市，强烈的世俗文化一直推动着艺术的演进，甚至包括通过曾经拥有的商业贸易优势，在家具设计上，吸收中东的伊斯兰装饰，甚至中国的艺术技艺，这段时期的威尼斯家具多使用虫胶漆做家具表面装饰，就是为了仿中国漆绘工艺的亮度。

法国巴洛克家具的奠基人之一的库奇1660年左右到巴黎，年龄不小于25岁，既然是受当时法国最有权势的人物马扎然邀请至哥白林，说明这时的他应该在家具方面有所建树了，因此，可以理解为，库奇的风格在一定程度上应该代表了意大利巴洛克家具风格和工艺特征。

现存卢浮宫的一张圆桌，由斑岩的桌面和镀金木雕的支架构成，桌面可能是古物，因此算作路易十四的收藏，在哥白林工坊工作雕塑家菲利普·卡菲耶里（Philippe Caffieri 1634—1716）接受旨令设计了脚架，并于1669年制作完成。雕塑家来自意大利那不勒斯，而他设计的胖乎乎的小天使造型后来被勒布朗沿用，成为法国家具设计中的一个显著的母题，而该母题却源于罗马（插图64）。

硬石镶嵌这种极有可能来源于印度的装饰工艺，一度流行于公元前1世纪的古罗马时代，与中国传统的珠宝镶嵌工艺不同的是，彩石镶嵌具有明显的空间感和立体感，在16世纪早期，罗马艺术家再次使用这种工艺，后来经过美第奇家族引进，在其家族特设的"大公专供作坊"中，被佛罗伦萨工匠发扬光大，转化为当地的一个传统，主要用于建筑底面铺装和家具，也用于首饰盒类，特别是桌子的桌面装饰，留下了大量精彩绝伦的作品。路易十四也很喜欢这种色彩斑斓的豪华，在1668年专门成立了硬石镶嵌的工作坊，高薪聘请佛罗伦萨的匠师，首任领班是费迪南多（Ferdinando Migliorini ？—1683），第二任是布兰奇（Filippio Branchi ？—1699），在他们的领导下，哥白林工坊创也作出了一流的硬石镶嵌家具（插图65）。

插图65　硬石镶嵌桌面　17世纪晚期　法国卢浮宫博物馆藏

插图 66　　佛罗伦萨制作硬石镶嵌绘画　17 世纪

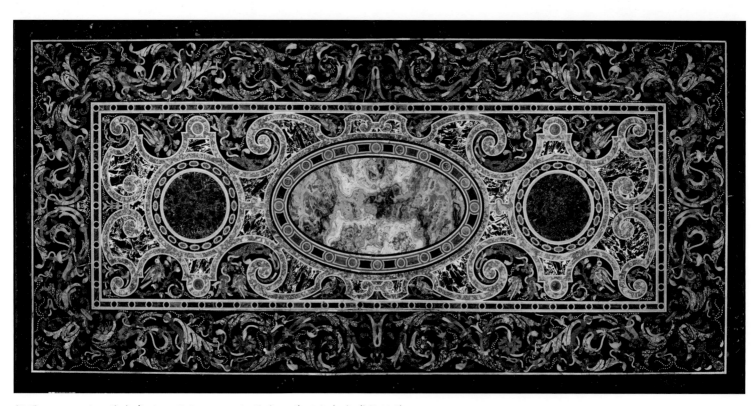

插图 67　　硬石镶嵌桌面　罗马　17 世纪早期　美国大都会博物馆藏

布鲁斯特隆（Andrea Brustolon 1662—1732）被认为是意大利巴洛克家具的代表人物，他出生在北部的贝鲁诺（Belluno），离威尼斯大概六十英里，父亲是一位雕刻师。布鲁斯特隆从小跟随父亲学习木雕技艺，15 岁起成为威尼斯巴洛克建筑师和雕塑家帕罗迪（Filippo Parodi 1630—1702）的助手，帕罗迪是意大利最伟大的巴洛克雕塑家贝尔尼尼的学生，而他自己也被誉为"热那亚第一个也是最伟大的巴洛克雕塑家"。在帕多瓦的圣安东尼大教堂有六件雕塑，完成于 1689—1697 年之间，主创雕塑家是帕罗迪，据说布鲁斯特隆也参与制作，师徒共同创作的方式从意大利文艺复兴以来，屡见不鲜（插图 68）。帕罗迪也曾涉猎家具设计，这段从师的经历无疑给布鲁斯特隆未来的家具生涯打上了深深的雕塑烙印。

　　现存威尼斯列佐尼柯宫（Rezzonico Palazzo）的 12 件家具被认为是布鲁斯特隆的作品（插图 69），那是 1684 年，他独立为威尼斯显赫的维尼尔家族（Pietro Venier）设计制作的，其中，一件扶手椅子可以明确出自艺术家之手，这张椅子反映出他及其时代的家具艺术特征——那几乎就是一件可以坐的雕塑作品，椅子的支架结构全部雕塑化，主体由黄杨木雕刻成缠满藤蔓的树枝，而两个小天使和两个黑人全然可以独立成为纯架上雕塑，黑人的头、手和脚部用黑漆髹涂而成，黑人造型由帕罗迪首创，经过布鲁斯特隆的发挥，成为 17 世纪晚期威尼斯家具中流行开来的一个标志性主题。

插图 68　圣母子　帕罗迪　1678 年

插图 69　列佐尼柯宫　威尼斯

除了明显的雕塑化倾向，在布鲁斯特隆家具中，来自佛罗伦萨的编织靠背图案中或许也能透露出意大利中部家具的一些巴洛克时尚（插图72、80、81）。他的家具还有烛台以及用来陈列中国陶瓷的架子，也都如出一辙的雕塑化，法国作家巴尔扎克在他的小说《庞斯舅舅》（Cousin Pons）中把这位意大利家具师誉为"木雕中的米开朗基罗"。

桌子和陈列柜也是意大利巴洛克家具的优势品类，布鲁特特隆的老师帕罗迪以及建筑师冯塔纳（Vondane 1634—1714）设计的桌子和柜子是其中的代表，他们分别利用古罗马的建筑和装饰元素如山墙、小爱神以及花卉、贝壳等装饰纹样，结合高浮雕和镶嵌工艺，家具成为宫廷或豪宅中显示财富和品位的装饰构成（插图66、67、82-86）。

除了布鲁特隆著名的雕刻椅子，现存伦敦维多利亚—艾尔伯特博物馆（Victoria and Albert Museum）和米兰斯福尔扎城堡（Castello Sforzesco）的椅子甚至反映出意大利巴洛克家具艺术散发出强烈的刚性志气，后来的意大利家具似乎一直秉承着这种有些男性化的粗放（插图70、71、73—79）。

插图 70　家具设计稿　布鲁特隆

插图 71　雕塑设计稿　布鲁特隆

插图 72　椅子　布鲁特隆　1684 年

插图 73　布鲁特隆式椅子　19 世纪早期

插图 74　椅子　布鲁特隆（传）

插图 75　布鲁特隆式椅子（局部一）

插图 76　布鲁特隆式椅子（局部二）

插图 77　中国花瓶架　布鲁特隆　1684 年

插图 78　布鲁特隆式台架

插图 79　布鲁特隆式凳子　约 1700 年

插图 80　　布鲁特隆式椅子　19 世纪

插图 81　　布鲁特隆式椅子

插图 82　　意大利巴洛克式壁桌　18 世纪

插图 83　　意大利巴洛克式壁桌　产地为威尼斯

插图 84　　意大利巴洛克式壁桌一对

插图 85　　布鲁特隆式桌子

插图 86　　硬石镶嵌桌子一对　　由范扎戈制作（Cosimo Fanzago 1591—1678）
桌面还采用了大理石、螺钿等材料镶。

德国 荷兰

在 17 世纪的德国，纽伦堡和奥格斯堡依然持续着家具制作的传统，橱柜的工艺主要采用象牙、乌木、玳瑁以及金属和半宝石类镶嵌，这种来自荷兰的技艺在德国家具师中得以娴熟的运营，他们的产品也受到欧洲各国行家们的青睐，到了 17 世纪晚期，这两个城市还开始因为出版了系列室内设计、装饰雕刻以及家具设计等方面的书籍而为人所知，17 世纪晚期，巴黎的布尔时尚开始传播，这和《南特敕令》的废除直接相关，部分新教徒也流亡到德国，奥格斯堡的布尔镶嵌也和当地的工艺融合，也加入了大理石马赛克的镶嵌，这里还制作了带有浮雕和线刻的银质家具，供德国宫廷炫耀，可惜现存稀少。英国邦瀚斯拍卖公司（Bonhams）2014 年拍卖了一件大约制作于 1660 年的小型橱柜，这件产自奥格斯堡的橱柜一直被库特准男爵（Sir Charles Henry Coote 9th Baronet）收藏，最终由巴利芬酒店（Ballfin, Co.Laois）收藏。带有制作者签名（艾利亚斯·柏世杰 Elias Boscher）的小橱柜设计精巧，器型端庄而富有色彩，用工讲究，乌木作为主体结构，银作装饰部件，灿烂的硬石镶嵌部分极有可能来自佛罗伦萨的"大公专供作坊"，高度综合化的工艺显示了德国在进入巴洛克之初尚蕴含着的古典主义气质，与之极为相似的几件分别藏于阿姆斯特丹国家博物馆和米兰的斯福尔扎城堡（插图 87—89）。

慕尼黑作为偏南部的家具制作中心，17 世纪晚期，也受到来自意大利巴洛克的影响，尤其是来自都灵萨沃王宫的艺术家的影响，桌面采用大理石镶嵌，支架由硕壮的人物雕塑构成。当然，西边巴黎的布尔风格也在这个时代传入慕尼黑。

18 世纪早期，全德国几乎都进入了巴洛克艺术时代，主要体现在大型橱柜的设计风格上，橱柜大多放置在大厅或者楼梯间，以显示市民的富裕。山楣、壁柱等建筑样式采用高浮雕的方式在橱柜中出现。小型橱柜以带座子的柜为主要类型，通常带几个抽屉，用途多种，装饰极为复杂。

这个时期大漆家具也传到德国，这与第一位普鲁士国王菲特烈三世直接相关，受凡尔赛的影响，国王也开始打造自己的宫廷，虽然他没有勒布朗那样优秀的艺术家兼艺术管理人才，也没有布尔那样的高级家具师，或者哥白林那样综合的工艺系统，但在他的统治期间，还是在柏林建立了皇家地毯和陶瓷工坊，而被认为是当时全欧洲最著名的漆艺家具大师达格利（Gerhard Dagly 约 1650—1714），早在 1687 年就被菲特烈·威廉选侯任命为首席家具师，第二年，成为当时还是勃兰登堡选侯的菲特烈三世的首席家具师，主要制作漆艺家具（插图 90—99）。

插图 87　右图局部

达格利的创造包括橱柜、绘画、钟座甚至还有钢琴。他的漆艺也分作两类，很像后来去了巴黎的荷兰人高尔，因此，可以设想，达格利的漆艺技法可能也是在荷兰学会的，只是现存与达格利相关的作品显示出他一方面受到来自日本"莳绘"漆艺的影响的同时，也受到中国的"科罗曼多"屏风（Coromandel Screen）的色彩以及造型方式的影响，而白底上用红色、绿色以及蓝色的漆绘明显是模仿中国陶瓷中的"粉彩"，已经呈现出明显的"中国风"了。目前所知，1713 年，威廉去世，达格利被解除职务。1714 年还和当时德国著名的哲学家莱布尼兹（Leibnitz）有过通信，表示自己没能再作新的作品，跟他一起工作的弟弟雅各（Jacques）1689 从柏林去了巴黎，而达格利的学生马丁（Martin Schnell）则在德累斯顿确立了以漆为核心技艺的德国洛可可家具风格。

插图 88 硬石镶嵌小橱柜 产地为奥格斯堡，镶嵌部分可能来自佛罗伦萨 1660 年

插图 89　说明见前图

插图 90　布尔工艺办公桌　产地为慕尼黑　18 世纪早期

插图 91　漆橱柜　达格利（传）

插图 92 　漆橱柜　达格利　1700 年

插图 93　　漆橱柜 达格利
这件作品收藏于柏林手工艺博物馆，被认为是艺术家的代表作

插图 94　　德国巴洛克式橱柜　1730 年左右

插图 95　漆橱柜（局部）　达格利（传）

插图 96　漆橱柜　达格利（传）

插图 97　　漆钢琴（局部）1　达格利

插图 98　　漆钢琴（局部）2　达格利

插图 99　　漆钢琴　达格利

插图 100　　《热那亚的宫殿》书稿　鲁本斯　1622 年

荷兰的巴洛克运动与伟大的艺术家鲁本斯（Peter Paul Rubens 1577—1640）直接相关，这位原籍德国茨根的艺术家在童年时代随父母定居安特卫普，少年时代的鲁本斯师从当地画家维尔哈希特和阿达姆·凡·诺尔特，在他们的门下学习了4年时间，不久又成为从罗马归来的维尼乌斯的弟子。鲁本斯成名很早，在他21岁时已经成为安特卫普画家公会的会员。1600—1608年期间，他游历了意大利，先后去了威尼斯、罗马和佛罗伦萨、热那亚等重要城市，目睹了意大利巴洛克艺术的方兴未艾，在绘画风格上，受到了卡拉瓦乔的直接影响。1622年，鲁本斯关于建筑的著作《热那亚的宫殿》一书在安特卫普出版，对荷兰的巴洛克建筑产生了直接的影响，在1617—1618年之间，他与杨·布鲁盖尔（Jan Brueghel the Elder 1568—1625）合作的系列作品《五感》，透露出了17世纪早期荷兰家具的点点星星，包括兽腿形的靠背椅、有绘画装饰的橱柜、带有镶嵌装饰的钢琴以及四脚呈波浪纹方桌等等（插图100—104）。

荷兰巴洛克画家伦勃朗（Rembrandt Harmenszoon van Rijn 1606—1669）在绘画中更偏向聚焦人物的戏剧性，他现存的油画作品中，几乎只有《达娜厄》，描绘了家具，在作品左边，展示出一张似乎超越时代的豪华的镀金床，现实中伦勃朗自己的床倒是显得十分朴素（插图105—107）。

插图 101　　建筑设计稿　鲁本斯

插图 102　　五感（听觉）　鲁本斯与布鲁盖尔合作　1617—1618 年

插图 103　　五感（视觉）　鲁本斯与布鲁盖尔合作　1617—1618 年

插图 104　　五感（味觉）　鲁本斯与布鲁盖尔合作　1617—1618 年

插图 105　　达娜厄　伦勃朗

插图 106　　淡彩草稿　伦勃朗

插图 107　　素描稿　伦勃朗　1634 年

维米尔（Johannes Vermeer 1632—1675）以其细腻的写实手法记录了荷兰17世纪中期的市民生活，他画面中的椅子与现存伦勃朗故居的家具高度相似，而带有车制细腿的小型橱柜似乎与高尔的家具有些相似，一位年轻的女士倚靠的那件带有拼花装饰（或漆绘）的桌子则显示出巴洛克家具的色彩（插图108、109）。

17世纪晚期起，荷兰和英国之间的文化交往尤为密切，双方的家具相互影响，以至有说法称该时期尼德兰地区的家具为"英荷风格"（Anglo-Dutch Style）。作为海上马车夫，荷兰较多地引进了异域风格、材料和技艺，中国和日本漆艺和陶瓷，印度尼西亚的藤编，在两国都引发流行。工匠们也利用进口的木材，把薄木拼花技艺发展到了一个顶峰，其中代表人物是阿姆斯特丹的麦科伦（Jan van Mekeren 生卒不详），他主要的活动时间在1690—1735年之间，现存大都会博物馆的麦科伦橱柜，在结构设计上保留了尼德兰

传统，方形的、有些硕壮的脚腿显示出他的创新，而柜身的细木拼花则是由橡木、紫檀、橄榄、乌木、冬青以及其他染成绿色的木头构成，显示出"黄金时代"的荷兰在木工技艺上的最高水准（插图110—114）。

到了18世纪早期，荷兰人也模仿英国设计，出现了带狮形弯椅子，椅子底部是特有的爪子和球（兽趾状造型，出自巴黎家具大师布尔的原创），靠背用细木拼花。有一种新出现的角椅，又叫市长椅，从印度尼西亚引进，圆形或扇形的座面上编藤，靠背较低，也是环状或扇形，脚步也是狮爪形状，从椅子可以看出。到了18世纪20年代，马罗从巴黎带回的相对稳重的巴洛克风格开始被轻快的洛可可风格替代，而准确代表这个时代的荷兰家具风格的还是一些大型橱柜，柜顶有视觉强烈的上楣，正面是车制的螺旋形的壁柱，底座是具有明显尼德兰特征的球形腿。

插图108　代尔夫特的红酒与玻璃　维米尔　1660年

插图 109　　钢琴　维米尔　1673—1675 年

插图 110　　细木拼花桌子　麦科伦（传）

插图 111　　细木拼花橱柜　麦科伦（传）　约 1710 年

插图 112　　细木拼花橱柜　麦科伦（传）

插图 113 　　细木拼花橱柜　麦科伦（传）　约 1733 年

插图 114　　左图局部

第三章　洛可可

"沉迷情色也是一种捍卫自由。"

——米歇尔·德隆

法国

巴黎从此成为欧洲艺术中心

由路易十四倾国力建造的凡尔赛宫成为欧洲宫廷文化的典范，巴洛克风格的室内装饰和家具让贵族和富豪们趋之若鹜，但总体而言，此时的巴黎还不算欧洲艺术的中心，因为巴黎其他的艺术形态并未建立起来，如绘画、雕塑、音乐、文学等，除了维也纳正在成为欧洲音乐之都外，欧洲其他国家和地区特别是意大利和荷兰，在绘画、雕塑等方面尚遥遥领先，巴洛克绘画那束灵光由意大利悲剧性画家卡拉瓦乔发出，穿越整个欧洲大陆，照亮了远在北海边的尼德兰地区，涌现出鲁本斯、伦布朗、哈尔斯、维米尔等艺术之星，再通过鲁本斯之力，传至英伦，作为鲁本斯

的弟子，凡戴克真正开启了近代英国艺术之门。而忙于建设宫廷的法国画家们，却略显不济，少有建树，到了路易十五的时代，绘画的力量开始显现，一发不可收拾，群星闪耀，迅速占领了绘画艺术的高地，此后的巴黎作为欧洲艺术的中心，直到20世纪中期。有趣的是，真正推动巴黎成为欧洲艺术中心的人，不是皇帝，而是一个女人，她是路易十五国王的情妇蓬巴杜夫人（Madame de Pompadour 1721—1764），她所推动的艺术风尚，被后世人称为"洛可可"（Rococo）艺术（插图1—6）。

插图1　洛可可式涡卷装饰　佚名　法国　18世纪

仅仅从运动的角度看，洛可可艺术不算是对巴洛克艺术的反驳，似乎更接近于同类风格的延伸，洛可可显然还借鉴了大量元素，让巴洛克的曲线显得更美，让运动显得更加明显，让色彩显得更加亮丽。而从宏观的艺术学角度看，洛可可似乎又是对巴洛克艺术补充性反驳，一种女性艺术对男性艺术的反驳，两种艺术形态共同形成了艺术史上第一次的"阴阳"组合，而更具艺术里程碑价值的是洛可可的生成过程，其艺术本质是关于艺术"形式（Form）"的几近残酷的锤炼，这里所谓的形式，也就是构成艺术本体的"点、线、面"等造型的基本元素，洛可可艺术在线条的曲线化、色彩的多样化以及结构的复杂化中均大幅度超于前代，在洛可可艺术系统中，当时的绘画、雕塑尚未脱离形象，仍处于"写实"的时代观念中，相比而言，家具本身的线条结构注定具有天生的"抽象性"，因此，对形式的研究可以更加的集中，而与同样具有抽象性的建筑相比，家具在成本管理、周期控制以及体量的小尺度等方面，也更具有可操作性。因此，笔者几乎是惊喜地发现：洛可可家具几乎就是西方艺术现代化（抽象化）的最早实践，法国也是最先进入抽象的形式审美的国家。从这个角度看，洛可可家具几乎成为了法国艺术的"形式基因"，纵观欧洲艺术史，关于"形式"的再一次严格的锤炼，已经是一百五十年之后的"包豪斯"时代（著名的抽象艺术家康定斯基专门为教学撰写了论著《点、线、面》），横比中国艺术，虽然已经历经了超过百年的西方艺术的再洗礼，但似乎尚未摆脱关于"形象"的识别性审美（如齐白石的虾，徐悲鸿的马，或者方力均的"光头"，奥运会场馆"鸟巢"等等），更未进入"形式"的抽象性审美，或许，"欧式家具"依然可能对中国大众的艺术审美，特别是日常生活中的艺术审美熏陶产生不可估量的价值。

当然，从审美的品味或者个人爱好角度讲，洛可可这种带有明显"女性"气质的艺术，也为后人提供了仁者见仁、智者见智观照样板。

从庄重性、仪式感等道德或社会学角度看，洛可可也算是对巴洛克的反驳，有趣的是，紧接其后的新古典主义正是在继承巴洛克的庄重感方面的同时，反驳洛可可的运动感和几乎接近于轻浮的色彩和道德，是向文艺复兴的"古典主义"的回归，就此形成在当时还相对封闭的艺术系统中的一次循环。

插图2　蓬巴杜夫人雕像　让·巴蒂斯特·皮嘉尔（1714—1785）　美国大都会博物馆藏

插图3　蓬巴杜夫人肖像　布歇　1756年

插图 4　蓬巴杜夫人肖像　布歇　1750 年

插图 4　　蓬巴杜夫人在她的架子鼓前　德鲁埃　1763 年

插图6 路易十五肖像 范诺 (Louis-Michel van Loo 1707—1771)

华多（Jean Antoine Watteau 1684—1721）、弗拉戈纳尔（Jean Honoré Fragonard 1732—1806）、布歇（Francois Boucher 1703—1770）等画家为将巴黎推向欧洲的艺术中心贡献出了自己的力量，洛可可的风靡应当有其自身艺术和文化逻辑的，同时代的英国艺术家贺加斯（Hogarth William 1697—1764）在他的著作《美的分析》一书中，就详细地分析了直线与曲线的差异，坚持认为蛇形曲线是最美的，现代西班牙建筑大师高迪更是道出"直线属于人类，曲线属于上帝"之类的名言，而当代巴黎还有学者德隆（Michel Delon 现任巴黎索邦大学教授）对他们的创造报以高度的肯定，虽然观察的角度有些另类甚至敏感："沉迷情色也是一种捍卫自由"——第一个以国家的名义宣告"人生而自由"的时间，就发生在蓬巴杜夫人逝后二十五年（插图7、8）。

插图 7　　素描稿 华多

插图 8　　索斯比拍卖行拍品　仿华多设计稿

插图 9　　爱丽舍宫

插图 10　　苏比斯府邸室内设计稿

蓬巴杜夫人注定成为法国历史上毁誉参半的人物，她一方面扶持了那个时代最伟大的思想家和艺术家们，另一方面却被认为挑起了"七年战争"，让法国丢掉了包括加拿大和印度在内的大片海外殖民地。但她以洋溢着知性的"女主人"身份所推动的沙龙文化（Salon）实际上成为巴黎前卫艺术和时尚传播与交往的空间，而伏尔泰、狄德罗、孟德斯鸠等启蒙思想家都曾经是沙龙的重要宾客，可以想象，在这个人类伟大的"启蒙时代"（the Age of the Enlightenment）的前沿，蓬巴杜夫人几乎成为了知识和审美合二为一的女神，而"时尚"这个词语本身所蕴含的全民运动的意味，在她所处的时代，知识和艺术的传播互为表里，并行不悖，不能不说她为紧接其后的法国大革命甚至未来的法国艺术的大发展，做出了意想不到贡献。

现在法国总统府爱丽舍宫也曾是蓬巴杜夫人举办沙龙的场所，当时另一个巴黎沙龙空间的代表则是苏比斯府邸（Hotel de Soubise），在这座古典主义建筑内，充斥着洛可可装修装饰，现在是法国历史博物馆的一个组成部分（插图9—13）。

为了适应对话与交流，沙龙空间往往相对较小，也相对封闭，贵族化的礼仪也相对减弱（蓬巴杜夫人本人不是贵族出身），配合沙龙活动，而家具也更多的讲究舒适度，轻巧得可以搬动，家具的设计越来越精细，随着咖啡在凡尔赛和巴黎的流行，专用的咖啡桌也随之出现，打牌赌博在宫廷成为风尚，牌桌甚至专门用于旁人观牌的椅子都有专门设计，就椅子而言，专为女士休息、为情侣相拥伴坐之类的特殊椅子都出现了，可以说，洛可可时代成为椅子设计的黄金时代。（插图14）

除了家具样式的丰富化，材料的多样化研究也开始出现，蓬巴杜夫人自己曾收购一家陶瓷工坊，把作坊设在巴黎附近，成为皇家陶瓷作坊，这就是后来法国最著名的赛夫勒陶瓷（Manufacture Royale de Sèvres），粉彩类的瓷板被大量用于家具的镶嵌装饰，成为法国家具的一大特色，通过马丁兄弟改用柯巴树脂（Copal）替代中国大漆（Lacquer），规避了欧洲大漆资源缺失的问题，也简化了制作工艺，较为逼真地模仿出中国漆器质感的同时，也使洛可可及未来的家具获得了色彩的绽放。

插图11　沃拉城堡沙龙中的蔓藤设计稿

插图 12   苏比斯府邸中的室内装修

插图 13   苏比斯府邸中的室内装修

插图 14　　漆绘椅　路易十五式　18 世纪

博拉（Jean I Berain 1640—1711）在1690年，接替勒布朗，接管了哥白林皇家工坊，成为路易十四的第二任设计总监，艺术史家们认为，洛可可装饰的最早的迹象大约从这年开始，博拉综合阿拉伯样式（怪诞式），设计出自由而非对称的藤蔓装饰、叶形装饰，部分纹样还被学者们认为来自中国万历时期的陶瓷，设计中还加入时髦的中国人物形象等，他的设计著作《家具设计图案》于1700年出版，引发了"博拉样"（Berain Style），广泛地影响了挂毯、家具、陶瓷、金属等工艺的装饰，从现存博拉设计的挂毯看，布歇应该从他的设计中获得部分灵感，而布歇也画过一些中国人物的作品（插图15—18）。

插图15　博拉样　美国大都会博物馆藏

插图16　博拉样

I. Beram inuenit.　　　　A　　　　M. Daigremont sculpsit.

插图 17　　博拉样书稿　美国大都会博物馆藏

插图 18   根据博拉样制作的壁毯

插图 19　　克雷桑设计的猴子造型一　　　　　　　插图 20　　克雷桑设计的猴子造型二

克雷桑（Charles Cressent 1685—1768）出生于亚眠，祖父是为橱柜配雕塑装饰的雕塑师，父亲是雕塑家，克雷桑从小接受雕塑训练。后来在普瓦图（Joseph Poitou 1680—1719）的作坊里工作，作坊专门为奥尔良公爵（也就是后来的路易十五的摄政王）制作家具的，1718年，普瓦图过世，第二年，克雷桑娶了他的遗孀，拥有了工坊。克雷桑承接了很多权贵的业务，除了奥尔良公爵和他的儿子的外，也包括来自蓬巴杜夫人和她弟弟的订单，克雷桑把大量的收入用于购买艺术品，包括拉斐尔、提香、丢勒和荷尔拜因等大师的作品，拥有不同凡响的艺术鉴赏力。作为家具师和雕塑家，他喜欢原创设计而不是套用已有家具中的模件，目前已知的属于他的作品，充分显示出他综合的设计能力，以及雕塑方面的高超技艺。他设计制作的

柜子中还出现了一些有趣的雕塑造型，比如猴子，猴子作为东方的形象代表，17世纪晚期开始出现，当时也开始用于家具装饰，他的有些小柜被戏称为"猴子柜"，而另一些家具中还出现了手持镰刀、带翅膀的老人形象。在卢浮宫里的一对衣橱，上面分别镶嵌了象征天文、音乐、绘画和建筑的浮雕，在凡尔赛和卢浮宫分别都有克雷桑设计制作的写字桌，桌子的四边帽头都镶嵌了女性胸像，卢浮宫的那张还配一个信箱，这种组合方式布尔也用，但据说克雷桑做得更多。凡尔赛有两张相似的，1919年的《凡尔赛合约》就在其中一张桌子上签署的，幽默的是，克雷桑死时，他还欠他的屠夫1,145里弗尔，后人也是通过他破产拍卖的图录获知他作品的准确去向，并以此来鉴定他的作品（插图19—30）。

插图 21　　五斗橱　克雷桑

插图 22　　五斗橱　克雷桑　1740 年　法国卢浮宫博物馆藏

插图 23　左下图局部

插图 24　索马尼依据克雷桑原样仿制的办公桌　1880 年

插图 25　办公桌　克雷桑（传）

插图 26　办公桌　克雷桑　德国慕尼黑皇宫藏

插图 27　办公桌　克雷桑（传）

插图 28 办公桌 克雷桑 1735—1740 年 法国卢浮宫博物馆藏

插图 29　　左图局部

插图 30　　有持镰刀人像的座钟　克雷桑　1735—1755 年

贝纳德（Bernard II van RisenBurgh 约1700—约1765）可算是洛可可时期最神秘的家具大师，作为一个独立家具师，他的名字差不多两百年后才为人所知。

1751年，巴黎木工行会新的管理条例由国家议会通过，其中一条规定为，所有的工匠都必须在自己承接的家具中签名，皇家工坊的家具师除外，而其他非皇家工坊匠师为皇家制作的家具也不用签名。但是19世纪晚期，在路易十五定制的家具精品中，发现不少家具由"B. V. R. B"的缩写签名，直到1957年，学者们才发现，这个签名应该是贝纳德的，研究显示，他的父亲贝纳德一世很可能来自荷兰，17世纪晚期定居巴黎，曾经作过细木工种的领班。贝纳德二世大约出生于1700年，目前所知他最早的家具制作时间是1737年，是为当时的皇后玛丽·列兹金斯卡（Marie Leszczynska）在枫丹白露办公室的小橱柜，这件小橱结合日本漆艺部件的方式制作的，是通过当时著名的家具中间商赫伯特（Thomas Joachim Hébert）的订货件（布尔也曾委托他销售家具），赫伯特是当时著名的奢侈品商人，他拥有很高的艺术鉴赏力，是当时巴黎首屈一指的日本漆器专家，同时，还能组织不同工种的师傅共同打造他看好的，甚至是他自己设计的家具，贝纳德为皇室的家具都是通过中间商而不是直接承接业务（插图31—34、37—41、43—46）。

布歇1758年给蓬巴杜夫人画的那张著名肖像中所出现的写字桌被认为是贝纳德作品，蓬巴杜夫人在贝尔维尤城堡（Château Bellevue）的卧室中的边桌也是贝纳德的作品，而布歇本人也收藏有他的小台子，小台子是贝纳德的创新设计，主要用于早餐和临时的书写。

贝纳德几乎制作了当时最流行的几款家具，同时，他也几乎都使用了当时最流行的"马丁漆"技艺，也包括日本漆工艺，由于中间商的参与和协作，日本漆工艺有可能在日本完成后再送至巴黎组装别的配件，贝纳德也是最早使用陶瓷装饰家具的艺术家，而提供这些陶瓷配件的是另一个著名的奢侈品商人普瓦里埃（Poirier）在赛夫勒皇家工坊定做的。

插图31　针线桌　贝纳德

插图32　针线桌　贝纳德　1764年
桌架使用"马丁漆"，桌面镶嵌了"塞夫勒"瓷板

由于行会制度的严格实施，得以留下大量路易十五到十六时期家具师的名字，而像贝纳德那样特殊的独立家具师也不乏其人，由于他们不在行会名录之中，往往不为人所知，只能从偶然发现的家具签名中得以发现，其中，与贝纳德同时代的家具大师约瑟夫（Joseph Baumhauer ?—1772），也是在上个世纪末才重新被人发现。来自德国的约瑟夫可能是那个时代最高级的家具大师之一，大都会博物馆收藏了几件约瑟夫的家具，其中办公桌主要采用细木拼花工艺，另件小桌子则采用了塞夫勒陶瓷镶嵌，从风格上看，约瑟夫已经跨入古典主义了。约瑟夫也利用日本漆板作家具，他的中间商也是当时巴黎非常有名的拉扎尔（Lazare Duvaux 1703—1758），拉扎尔曾在日记中显示，他只卖过两件漆艺橱柜，1753年卖给路易十五，两年后再卖过一件给蓬巴杜夫人，中间商还记录了自己还留下几片漆板，以备后用，约瑟夫的家具就是通过当时巴黎最重要的几个中间商卖出去的，和贝纳德一样（插图35、36、42、47）。

插图 33　　办公桌　贝纳德
伦敦 2012 年佳士得拍卖 3200 万欧元

插图 34　办公桌　贝纳德　美国大都会博物馆藏

插图 35　办公桌　约瑟夫　美国大都会博物馆藏

插图 36　办公桌　约瑟夫

插图 37 　壁桌 贝纳德 　美国大都会博物馆藏 　桌身应该使用了日本原装的漆板

插图 38　　五斗橱一对　贝纳德父亲（贝纳德一世）　约 1740—1750 年，橱身使用了原装日本漆板

插图 39　　五斗橱　贝纳德　橱身采用了原装日本漆板

插图 40　　五斗橱　贝纳德　橱身使用了原装中国漆板

插图 41　五斗橱　贝纳德（传）

插图 42　　五斗橱　约瑟夫（传）

插图 43　日本原装漆板镶嵌橱柜　贝纳德　法国卢浮宫博物馆藏

插图 44　矮柜　贝纳德　采用日本原装漆板　巴黎装饰艺术博物馆藏

插图 45　　矮柜一对　贝纳德（传）　约 1745 年

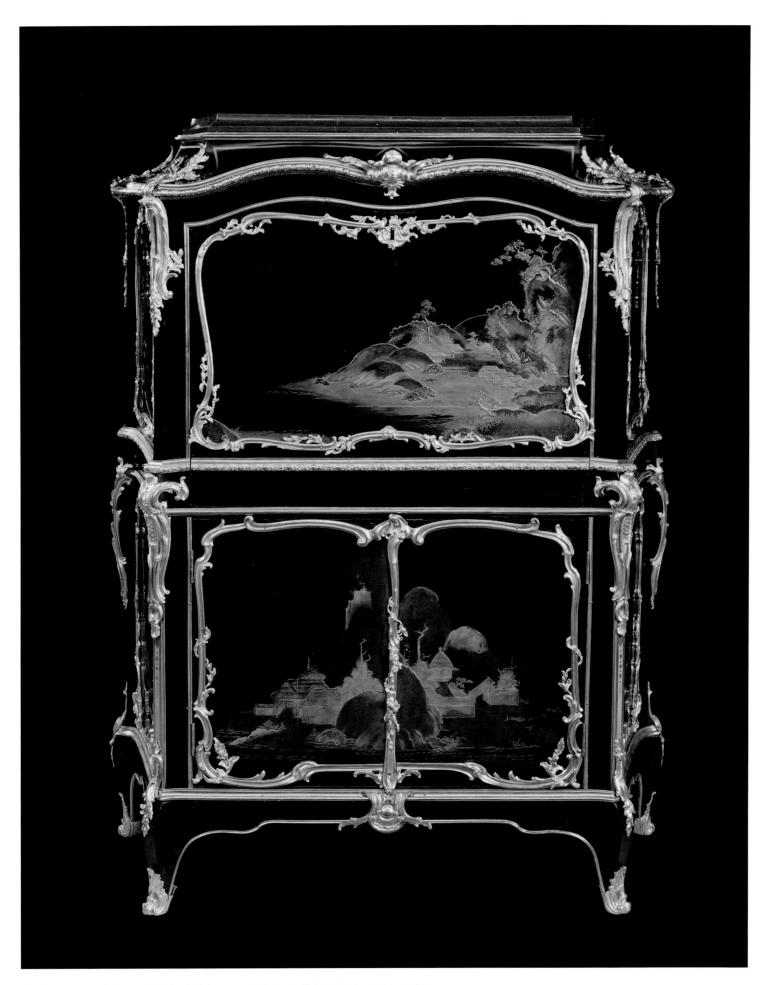

插图 46　　小橱柜　贝纳德（传）　　2012 年伦敦佳士得拍卖 3200 万美元

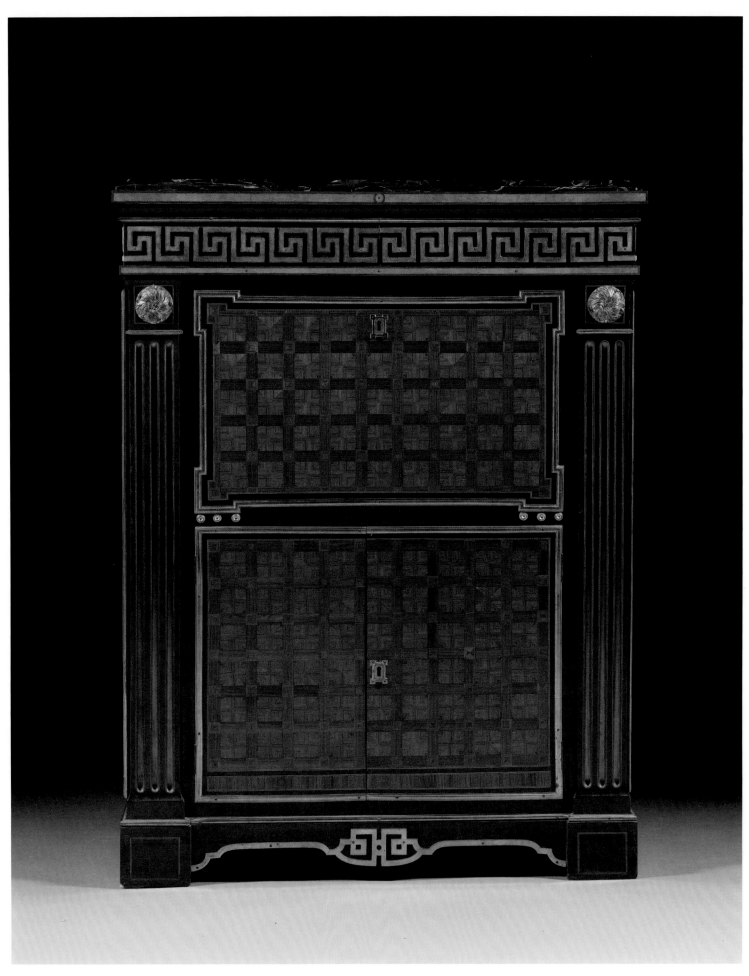

插图 47　小橱柜　约瑟夫　美国盖第美术馆藏

奥本（Jean Francois Oeben 1721—1763）是德国人，1740年左右成为巴黎的家具匠人，通过布尔的小儿子查尔斯帮忙，在蓬巴杜夫人的赞助下，他在卢浮宫的大画廊里租了几个房间，再由蓬巴杜夫人的提携，于1754年成为皇家家具师，1761年，他应行会的要求，出任细木镶嵌工种的领班。虽然那时的行会制度已经强制性要求工匠签名，但还主要是针对细木木工，奥本属于细木镶嵌工种，不需要在其作品中打上印章，他的作品主要靠皇家的采购文件才得以识别。

奥本的作品部分代表了当时标准的洛可可风格，比如，创作于1755年的写字桌，修长弯曲的桌腿和花边形的桌面，再加上细木拼花，显示出家具的婀娜。为路易十五做的写字桌现存凡尔赛宫，先由奥本设计制作，他过世后，由他的学生瑞森纳（J H Riesener）接着制作，后者也是德国人，路易十六的王后玛丽-安托瓦内特最喜欢的的家具师，直到1769年才完成，前后共花了9年时间，王后最终为这件桌子支付了62,800弗里尔，折合约为五百万欧元（插图48—50、52—56）。

奥本最为人称道的还有他在家具上巧妙的设计，现藏卢浮宫有一件"勃艮第风格"的桌子，外观看似平常的橱柜，却内藏了复杂的机械和结构，通过柜子侧面的摇臂可以将隐藏在柜子下面一个装有玻璃的小型展示柜升起，正面看上去是五层抽屉，其中一层居然可以抽出，再打开可以折叠的腿，变成张椅子，这样，橱柜变成了写字桌，这件家具制作于1760年代左右，结构上大体呈现出直线，而细木片的拼嵌也是直线的几何纹样，镀金的青铜部件和把手还保留明显的洛可可特征（插图51），卢浮宫的另外一件被认为是"希腊式"的柜子也主要以直线构成，同样完成于1760年左右（插图57），从中可以看出，他的创作已经显示出一种更显内蕴优雅的新古典主义特征，这不禁让人联系到1738年和1748年分别开始发掘的古罗马遗址赫库兰尼姆和庞贝，古代艺术再次对欧洲产生影响，蓬巴杜夫人甚至专门委派她的弟弟去参观学习长达两年。

奥本除了自己的创作，还培养出包括瑞森纳在内的不少优秀的家具艺术家，他的古典主义特征得以被学生们继承，他的女儿则培训出一个伟大的儿子，浪漫主义画家：德拉克洛瓦（Eugene Delacroix）。

插图48　路易十五御桌　奥本、瑞森纳　1769年　英国华莱士收藏馆藏

插图 49　　细木拼花写字桌　奥本　约 1760 年　巴黎装饰艺术博物馆藏

插图 50　路易十五御桌　依据奥本原件复制　法国凡尔赛宫藏

插图 51　写作桌　奥本　法国卢浮宫博物馆藏

插图 52 带抽屉化妆桌 奥本 美国大都会博物馆藏

插图 53 带抽屉化妆桌 奥本

插图 54　　带抽屉化妆桌　奥本

插图 55　带抽屉化妆桌（局部）　奥本

插图 56　　细木拼花矮柜　奥本　约 1770 年

插图 57　　装有机械装置的书桌　奥本

2014 年，时值中法建交 50 周年，法国装饰艺术博物馆特别推出两个与中国有关的大型展览——"装饰艺术博物馆中国珍品展"和"法国漆器的秘密：马丁漆器展"，后一个展览由法国装饰艺术博物馆与德国明斯特漆器艺术博物馆合作，展出近 300 件漆器。这是法国学术界首次将"马丁漆"的系统研究以文物展览的形式呈现，两个展览同时同地开展的策划背后，也显示出"中国漆"对法国及西欧艺术曾经的影响。

"马丁漆"（Vernis Martin）看来也并非法国原创，荷兰室内设计师汉斯·惠更斯（Hans Huyjens 生卒不详）在仿制中国漆器的过程中，发现了用一种类似于琥珀的柯巴树脂（Copal），在加热到 250—300 摄氏度下，调和威尼斯松节油，刷在器物表面，冷却后可以形成类似于中国大漆有光泽的漆层。

工坊中有一位名为纪尧姆·马丁（Guillaume Martin 1689—1749）的法国工匠也掌握了这个仿制的秘方，纪尧姆和弟弟西蒙（Etienne-Simon Martin 1703—1770）回到巴黎，在 1748 年获得法国政府颁发"马丁漆"的专利，他们兄弟经营的作坊并成为路易十五的御用作坊。马丁使用的柯巴树脂突破了虫胶树脂的色彩局限，后者的成色几乎仅限于黑色，而色彩的多样化成为马丁漆的重要特征，蓝色、黄色、绿色等色彩均可入漆，家具从此导入了自由度最高的绘画，也因此获得了绘画般艺术性。有评论认为，在"启蒙时代"，马丁漆为家具开辟了色彩启蒙之路。在技术应用方面，"马丁漆"广泛应用于家具、屏风、首饰、马车车厢，甚至科学仪器等方面，马丁漆绘的马车和轿车是各国王室争相订购的奢侈品，当时仅巴黎就有不下 200 家类似的制造车行（插图 58—67）。

插图 58　法国漆器的秘密：马丁漆器展

插图 60　　"马丁漆"盒子　18世纪中叶

插图 59　　"马丁漆"钢笔　　　　　　插图 61　　"马丁漆"盒子　18世纪中叶

插图 62　"马丁漆"五斗橱　巴黎装饰艺术博物馆藏

插图 63　　"马丁漆"五斗橱　约 1750 年

插图 64　　　"马丁漆"五斗橱，该件是索斯比拍卖行拍品，在说明中注明为"巴黎漆"（PARISIAN LACQUER），时代为路易
十五，也即是18世纪中期

插图 65 "马丁漆"五斗橱 马丁兄弟 该件为法王路易十五为其情妇麦丽夫人定制

插图 66　蓝地描金小书桌　"马丁漆"工艺　路易十五时期 制作者为米让（PIERRE IV MIGEON 1696—1758 ）

插图 67　　蓝地描金小书桌　"马丁漆"工艺　制作者为米让

插图 68　　右图局部

椅子的黄金时代

　　从装饰工艺的角度看，柜子和桌子的复杂度远远超过别的家具，这正是家具显示奢侈价值，成为当时权贵们体现身份和品位的原因，上述提及的家具艺术家们几乎无一例外的都主要从事这两类家具的设计和制作，仔细推敲，不难发现，这些家具所处的空间大多仍然是礼仪空间或相对私密的空间如书房或者卧室，洛可可时期最为经典的家具款式也正好是"写字桌"和"小橱柜"。

　　随着沙龙文化的时兴，客厅从大型、开放的、带有礼仪特征的宫殿式空间，转化为小型的、封闭的功能性空间，虽然基于社交和身份的需要，这种空间自然也少不了高度的艺术化，但家具的功能性终于变成了一个核心，对椅子和沙发等坐具的要求越来越多，与柜子和桌子类家具相比，制作工艺相对简单的坐具类家具更注重款式设计，是否名

家制作倒不十分看重了，座椅功能的细分越来越深入，促成了18世纪坐具类的高度发展，这一时期被认为是椅子的黄金时代。

　　18世纪上期法国的座椅类家具设计的款式主要分为单人和多人两种，单人的主要有佛提尤（Fauteuil）、贝尔杰尔（Bergere）、组合椅子（Duchesse）以及长椅（Canape）等几个款式，长椅看似较长，但在当时依然是单为着长裙的女士在沙龙中休息设计，男士去坐会被认为没有礼貌。恋人椅（Veilleuse）据说专为情侣设计，伦敦的维多利亚·阿尔伯特美术馆收藏有蓬巴杜夫人用过的一张。座椅类家具几乎全部使用了皮质、锦缎或天鹅绒等软包，大多成为今天沙发的基本款式，而长椅则发展成今天的多人沙发（插图68—71）。

插图 69　　长沙发一对　产地为意大利热那亚　1744 年

插图 70 　长沙发　18 世纪中期　制作者为塞内（C.Sené）

插图 71　　路易十五式沙发一组　　木结构为山毛榉　　18 世纪中期

插图 72　路易十五式组合椅　18 世纪中期

插图 73　躺椅　结构为胡桃木　路易十五式　约 1760 年

插图 74　路易十五式扶手椅　佛提尤

插图 75　　扶手椅　为蓬巴杜夫人的克雷西城堡定制　18 世纪中期

插图 76 扶手椅（贝尔杰尔） 约 1770 年 美国大都会博物馆藏

插图 77　路易十五式扶手椅　约 1750 年　软包为高丹岛生产的地毯　荷兰国家博物馆藏

插图 78　　扶手椅　木结构设计者为弗里奥（Nicolas Quinibert Foliot 1706—1776）　约 1752 年　美国大都会博物馆藏

插图 79　路易十五式扶手椅　德国西南部生产　约 1760 年

插图 80 　 路易十五式扶手椅一对 　 约 18 世纪中期

插图 81 　扶手椅　印有制作者名字（Jean Jacques Pothier）　1750 年

插图 82　　三曲式扶手椅　前档成三曲波浪形，也属路易十五风格　18 世纪

插图 83　路易十五式扶手椅　法国卢浮宫博物馆藏　18世纪中期

插图 84　扶手椅　路易十五式　18世纪中期　法国卢浮宫博物馆藏

插图 85　　路易十五式扶手椅　结构为山毛榉，靠背为藤编　18 世纪中期

插图 86　　细木拼花靠背椅　产地为荷兰　18 世纪

插图 87　细木拼花扶手椅　荷兰　18 世纪中期

意大利

在18世纪前期的意大利，不管是宫殿还是别墅，房间的布置也朝着小巧化方向流行，阿尔卑斯山北部德国和奥地利的家具款式也流传过来，富豪们还从法国进口有布艺软包或者藤编的长沙发和椅子，从英国或荷兰进口写字桌和书柜，带抽屉的衣柜也开始时髦起来，这些现象也意味与欧洲北部品质稳定、做工优良的家具相比，意大利的家具虽然表面豪华，但在款式和结构设计方面显得滞后。

由荷兰东印度公司所引发的东方漆艺，也随着"中国风"的热潮，传到意大利，威尼斯匠人们结合从印度传过来的经验，用他们自己的方式来模仿，通常先在家具上着色，然后用油画或者剪纸的方式作纹样装饰，最上面罩涂虫胶漆（Shallac），在视觉亮度上接近大漆工艺，装饰纹样主要有山水、花卉以及东方人物等，很多的衣柜、桌子和台子都采用了这种被称为"剪贴"的装饰手法，形成了意大利特有的一种洛可可风格，这种工艺后来一直延续到19世纪（插图89）。

18世纪30年代，出生在西西里的建筑师尤瓦拉（Filippo Juvarra 1676—1736）组织了一批相当优秀的家具师，在都灵为萨沃伊王宫（Palazzo Reale）制作家具，这些匠师包括了都灵当地的雕塑家拉达特（Francesco Ladatte 1706—1787）和专业橱柜师皮菲特（Pietro Piffetti 约1700—1777）等，皮菲特是18世纪意大利最伟大的家具师，出生于与法国交

界的埃德蒙德，1730年，他已经在为萨丁国王的首相奥尔梅亚侯爵制作家具了，主要是一些钟的外壳，十字架的座子以及一些小台子，第二年初，他到了都灵，成为宫廷家具师，国王特意为他提供了乌木、象牙以及黄铜等他所需要的装饰材料，以及宝石、水晶、白银等珍贵材料，供他制作家具，前几年的家具主要由尤瓦拉设计，后来则由皮菲特自己设计，在巴黎学习过的拉达特负责为家具创造设计所需要的雕塑。王宫里王后的更衣室里的家具是他早期的作品。皮菲特在宫廷里工作了四十多年，直到1777年去世，其中，只在四十年代，去了一趟罗马，制作了一件豪华的祭坛饰罩，镶嵌了螺钿、玳瑁，各种木头以及黄金，由维托里奥·阿马德奥·兰泽大主教进献给教皇本笃十四世在奎里纳尔山的保利纳小礼拜堂里，与这件作品相似的还有一件在都灵的圣飞利浦教堂，保存至今。五十年代以后，皮菲特制作的台子和小橱柜显得优雅多了，像是对他自己过去的多少有些怪异风格的反驳。总体而言，皮菲特的家具做工精良，材料豪华，甚至几近奢靡，在风格上，既结合了威尼斯和伦巴第等意大利北部的风格，又打破了设计陈规，显得十分的自由，部分风格似乎也来自路易十六时期的法国，这在整个意大利都是少见的，大大促进了了洛可可的发展（插图90—95）。

插图88　"剪贴式"彩绘五斗橱一对　威尼斯　18世纪中期

插图 89 "剪贴式"彩绘橱柜 威尼斯 18 世纪

插图 90　萨沃尔王宫

插图 91 祭坛 皮菲特 萨沃尔王宫

插图 92　长沙发　皮菲特

插图 93　小柜　皮菲特

插图 94 　梳妆台　皮菲特

插图 95　细木拼花梳妆台　皮菲特

德国 荷兰

18世纪的德国不像当时统一的法国，公国及诸侯割据仍然是德国的现状，因此，各公国的宫殿建设在总体上呈现从巴洛克到洛可可的时代风尚中，但因各诸侯喜好的差异，以及家具师群体本身分处德国各地，接受的教育或受到的风格影响也各不相同，因此，德国洛可可家具不像法国那样有巴黎作为时尚中心，引领着法国的时尚，而德国家具则在风格和样式也相对松散，由于德国的巴洛克本身的发展较晚于法国和英国，因此，在一定程度上，与洛可可风格形成了重叠，在不少的宫殿和城堡中，两种风格的家具并存的现象也存在。

始建于1720年的维尔兹堡宫，是美茵兹选侯兼大主教的宫殿，德国重要的巴洛克建筑之一，建设持续了近四十年，由于法国洛可可的影响，宫内的家具系统也显示出德国早期洛可可特征，来自班贝格和慕尼黑的家具师们以精湛的细木拼花、雕刻以及镀金显示出豪华，但与后期的洛可可相比，略显笨拙，巴洛克的余韵明显。在安斯巴赫的主教宫和班贝格的主教宫里的家具也呈现出早期洛可可特征。而洛可可的全面开花则是在现在的拜罗伊特，弗里德里希总督和他太太的府邸，总督的太太是腓特烈大帝的姐姐，作为文艺全才的大帝，自然也热衷于建筑，因此，当时最重要的橱柜家具师，斯宾德勒兄弟（Spindler Brother 活跃时期为1750—1799）先后为总督和大帝在波茨坦和柏林打造了洛可可样式的家具（插图96—99、109）。

而萨克森选侯，绰号"强者"的奥古斯都，为他在德累斯顿的宫殿里采购了大量法国洛可可风格家具，同时，德国漆艺家具大师达格利的学生施耐尔（Martin Schnell 活动时间约为1703—1740）也为奥古斯都制作了精彩的漆艺家具，大多用黄铜鎏金的人物浮雕配饰，而装饰纹样明显显示出来自中国绘画的影响，这些纹样在中国明清时期的陶瓷上经常出现，也大量出现在漆屏风上，当然，某些局部的纹样甚至让人想起明代早起宫廷画家林良的绘画，但林良的绘画是否当时已传至欧洲，尚不得而知。施耐尔甚至还用漆作工艺装修了"中国房间"（Chinese Room），在维也纳的"美泉宫"，都灵的萨沃伊王宫、巴黎的凡尔赛宫及枫丹白露宫（时间较晚）等欧洲王宫先后都装修了这类"中国风"的房间，这种带有明显东方风格的室内装修甚至命名都明确的显示出时值中国康熙、乾隆时代的工艺技艺及装饰纹样对西方的直接影响，装饰的核心技艺和装饰品主要是漆艺和青花、五彩等瓷器，这个现象也从另一个角度暴露出一个值得思考的问题，那就是：被东方（中国、日本等）引以为民族象征的艺术形式——水墨，几乎没有对西方产生直接的影响（插图100—108）。

插图96 牌桌 斯宾德勒兄弟

插图 97　　细木拼花写作桌　斯宾德勒兄弟

插图 98　　五斗橱　斯宾德勒兄弟

插图 99　橱柜　斯宾德勒兄弟

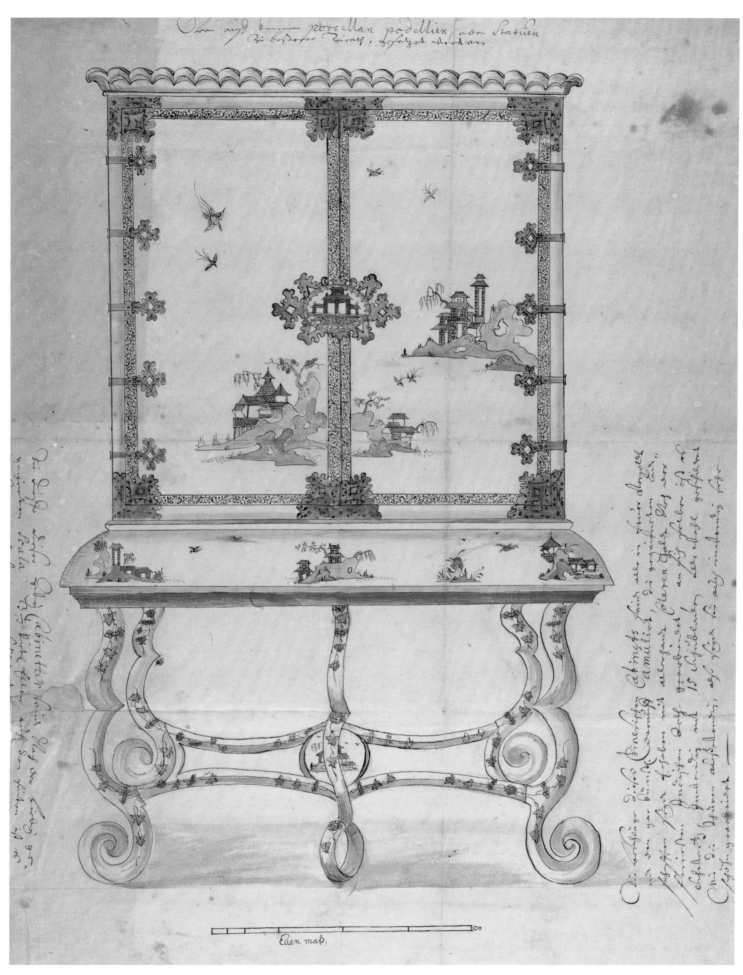

插图 100　　橱柜设计稿　施耐尔　美国大都会博物馆藏

插图 101　　橱柜　施耐尔（传）

插图 102　漆绘橱柜　施耐尔（传）　产地为德累斯顿

插图 103　　右图局部 1

插图 104　　右图局部 2

插图 105　漆绘橱柜　传为施耐尔工坊制品　18 世纪早期

插图 106 漆绘橱柜 传于施耐尔工坊制品 18 世纪早期

插图 107　漆绘橱柜　施耐尔　荷兰国家博物馆藏

插图 108　　漆绘台　施耐尔　约 1740 年

插图 109　　细木拼花五斗橱　斯宾德勒兄弟

全德国最精彩的洛可可风格无疑在慕尼黑的巴伐利亚选侯马克西米连二世的慕尼黑王宫和宁芬堡宫，主持建造的两位设计师先后都曾专程去巴黎学习，最终打造出梦幻般的德国洛可可风格，其中一位设计师屈维利埃（Francois Cuvilliès ？—1768）后来出版了室内设计和家具设计的书，一度名闻欧洲，他在慕尼黑王宫中设计的小橱柜也引进了中国风的装饰，似乎比法国的还更为轻盈（插图110、111）。

在波茨坦的无忧宫和柏林的夏洛腾堡宫建设过程中，腓德烈大帝聘请了当时德国最优秀的雕塑家及家具设计师纳尔（Johann August Nahl 1710—1785），主持室内设计，大量德国当地的家具师参与制作，采用玳瑁、螺钿等镶嵌工艺，制作了大量小橱柜和带有绘画或镀金装饰的椅子，椅子的风格尤其是狮形的弯腿样式主要来自英国，当然，这种弯腿在法国洛可可椅子中已经很流行（插图112、114、115）。

纳尔曾游历欧洲，熟悉洛可可风格，但在建造过程中，纳尔与专横的大帝发生了不和，后者认为纳尔的设计过于拘谨，纳尔被迫离开，后来去了法国，入了法国籍。继任者是赫本豪特（Johann Michael Hoppenhaupt 1709—约1755），他出生于梅瑟堡，曾游学德累斯顿和威尼斯，在设计上受到屈维利埃和纳尔的影响，1746年成为大帝的首席装饰设计师，主持了柏林城堡中大帝的书房设计与制作，还负责了无忧宫里的音乐厅。

1750年，赫本豪特退休回到了老家，在其后的几年中，他刊印出版了自己的设计稿，从中可以看出，他的设计灵感主要还是来自大自然，这种设计观念应该影响了英国的洛可可大师齐彭代尔和约翰（插图113、116）。

插图110　边桌　屈维利埃

插图 111　无忧宫　屈维利埃

插图 112　　漆绘五斗橱　德国　18 世纪中期

插图 113　　红漆绘五斗橱　赫本豪特

插图 114　　象牙白漆绘橱柜　波茨坦 纳尔制作　（Johann August Nahl 1710—1781）

插图 115　室内设计稿　纳尔

插图 116 设计稿 赫本豪特

总体而言，德国南部以及奥地利的家具风格受意大利影响较为明显，而北部地区受荷兰及英国的影响较多，德国本土家具师伦琴父子在 18 世纪下半叶显得比较突出，老伦琴（Abraham Roentgen 1711——1793）曾到荷兰、英国考察家具，创建了自己的工坊，小伦琴（David Roentgen 1743—1807）曾遍游欧洲，博采众长，他们在莱茵河边新维德（Neuwied）工坊的客户主要是皇室，主要的工艺是细木拼花，为适应客户的需求，他们的家具风格跨度较大，从洛可可到新古典主义都有，小琴伦 1779 年到了巴黎，为国王路易十六制作了带有机械装饰的书桌和书架，获得广泛赞誉（插图 119—123）。

在巴洛克时代，以马罗为代表的荷兰家具设计曾经对法国和英国的家具产生过影响，对英国的"威廉·玛丽"样式影响尤为直接。到了 18 世纪 40 时代，荷兰特别是南部地区已经开始反过来受到法国洛可可的影响了，家具中"S"形弯腿、爪足和球足的结合、建筑的涡卷形以及不对称的植物造型也都显示出来自巴黎的时尚，倒是花卉装饰还表现出荷兰的本土特征，这与荷兰人的喜爱有关，木头的薄片拼花广泛运用于写字桌、小橱柜，椅子也用花卉装饰，除了家具，他们还把花卉装饰广泛地用于那个时期的绘画、陶瓷甚至纺织品上，成为这个时代荷兰最引人入胜的技艺遗产，而看似毫无"主义"或艺术主张的绘画母题成为共和制下市民消费文化的重要代表（插图 117、118）。

插图 117　　花卉绘画　博斯查多特（Bosschaert）　17 世纪

插图 118　　写作桌　荷兰　18 世纪中期样式

插图 119　　细木拼花写字桌　大卫·伦琴

插图120　带机械装置写字桌　亚伯拉罕·伦琴

插图 122　座钟局部　大卫·伦琴

插图 121　座钟　大卫·伦琴

插图 123　　细木拼花橱柜　大卫·伦琴　美国大都会博物馆藏

第四章　新古典主义

（1792 年）九月二十一日晨，新当选的国民公会议员举行入场式。仪式不再像三年前第一次立宪会议开幕时那样庄严堂皇。当时在大厅中央还安放了一张豪华的缎椅，上面绣着百合花，这是路易十六国王的宝座。

——斯蒂芬·茨威格

法国继续引领时尚

公元 79 年 8 月 24 日，意大利南部城市赫库兰尼姆及临近城市庞贝被附近维苏威火山突然喷发的火山灰彻底湮没，直到 1709 年，这两座曾经繁荣的古罗马城市遗址才被偶然发现，1738 年和 1748 年，遗址分别开始发掘，大量的雕塑、绘画和其他文物出土，引起了欧洲艺术界的广泛兴起。据说，早期的发掘与蓬巴杜夫人的倡议和赞助有关，蓬巴杜夫人还专门委派她的弟弟阿贝尔（Abel Poisson 1727—1781）去参观，阿贝尔在意大利学习长达两年，回国后被任命为建设部大臣，主持建造了协和广场和凡尔赛的小特里亚农宫，还曾改造过蓬巴杜夫人曾经的私宅戴佛尔宫即现在的法国总统府爱丽舍宫，这些建筑照基本以希腊、罗马为参照，呈现出"新古典主义"（Neo Classicism）的特征，享受洛可可般轻松生活的蓬巴杜夫人在这个提倡肃穆和秩序的新艺术运动中充当了一个不可忽视的角色（插图 1—4）。

德国艺术史学者温克尔曼因庞贝的发掘而欣喜若狂，想尽办法收集到部分最新的发掘资料，结合这些资料，温克尔曼撰写了著名的《古代艺术》，对古希腊罗马艺术高度赞赏，认为那些在高度自由和民主的体制下，艺术得以充分发育和健康成长，那是一种"高贵的单纯，静穆的伟大"的艺术（美学家朱光潜翻译），温克尔曼的论著成为 18 世纪下半叶"新古典主义"艺术流行的一个重要的理论助推力。

新古典主义家具风格在巴黎的形成最终还是由另一位女士促成，她是路易十六的王后玛丽·安托瓦内特（Marie Antoinette），这位出身在维也纳"美泉宫"的哈布斯堡王族的公主，从小接受过母亲严格的艺术教育，虽然政治能力低下，却拥有高度审美鉴赏力，王后最终和她丈夫一起被 1789 年爆发的大革命送上了断头台。不得不承认，是她把法国家具艺术推到了一个更加简洁而优雅的高度，尽管这个时期的风格依然被命名为"路易十六式"。（插图 5）

插图 1 庞贝古城 不远处是维苏威火山

插图 2　庞贝壁画 1

插图 3　庞贝壁画 2

插图 4　庞贝壁画 3

插图 5　　玛丽·安托瓦内特王后像　勒布伦夫人　1788 年

随着宫廷政权的倒台，行会的最大主顾消失了，1791年，巴黎行会解散，匠师们通过设计和工艺参与到市场的竞争之中，在其后的十年间，装饰主题的变化（如军事题材的出现）也折射出对革命的认同态度，新古典主义的样式也呈现流行的趋势，比巴洛克时代更加明晰的刚硬、挺拔等男性特征也渐渐显露出来，在政治混乱的十年左右出现的"执政内阁式"家具，也保持了这个特征。

年轻的法国新皇帝拿破仑（他在1804年在巴黎圣母院为自己加冕时不过35岁）也喜爱古代艺术，崇尚理性和秩序，当然，他更偏好宏大与壮观，征服威尼斯，搬走了这个城市最宏大的绘画和雄伟的雕塑；带领着军队和学者征服埃及，引发了"埃及学"，百年后，建筑师贝聿铭在装着大量埃及艺术品的卢浮宫前面设计了金字塔形的入口，似乎冥冥之中圆了拿破仑皇帝的宏大之梦。拿破仑的首席画家大卫（Jacques Louis David 1748—1825）在皇帝的肖像中，也记录下了同样属于新古典主义风格的"帝政式"家具与埃及的渊源，当然，大卫也曾用自己的绘画表达另一种更为朴素的古典主义（插图10）。

拿破仑时期以黑色、红色和金色所构成的家具"帝政式"成为新古典主义家具的一个典型，不过，这也算是权力主导家具发展的最后绝唱，在平等和自由的赞歌中，审美和人性最终向家具艺术回归（插图6、9）。

庞贝遗址的发掘，或者"埃及学"的建立，更像一组导火线，激起了欧洲文化界对古代特别是古希腊、罗马艺术的再一次热潮，从艺术史角度看，这种席卷整个欧洲的古艺术热潮算是最后一次，紧接其后所发生的"印象主义"、"立体主义"之类现代艺术，几乎不再以古代艺术为艺术的主要来源，非洲、亚洲的艺术资源被广泛挖掘和利用，由工业革命所引发的科技探索和人性探索成为艺术观念的主流。第二次世界大战以后，庞贝之类古代艺术的观念内涵也被许多当代艺术家更深入地挖掘和表现，如德国艺术家阿尔伯斯（Josef Albers 1888—1976）和意大利艺术家帕拉迪诺（Mimmo Paladino 生于1948年），展现出的形式则更加现代，也更观念化了（插图7、8）。

插图6　图坦卡门的宝座　公元前1361年

插图7　帕拉迪诺作品　当代

插图8　向正方形致敬　阿尔伯斯　当代

插图 9   拿破仑皇帝宝座

插图 10   拿破仑皇帝的加冕式   大卫   1804 年

法国的家具师们

巴黎家具行会曾经很小心地设计一些防范措施，以防止外国工匠参与竞争，但还是有不少德国工匠用自己特有的方式成功地打入巴黎，成为那个时代中成功的家具师，当然，可能最特殊的原因还在于，路易十六的王后安托瓦内特本人来自奥地利，母语是德语，不太好学的安托瓦内特十五岁嫁到法国王室，据说除了不太会讲法语外，连母语德语都相当蹩脚。虽然巴黎人一直对这位热衷时尚、生活奢靡的"赤字皇后"不怀好感，但她毕竟贵为王后，提携了很多讲德语的家具师，最早的如奥本，因为上层工艺获得了王室青睐和庇护，在巴黎拥有大量的主顾，而他的学生瑞森纳也讲德语，而同样来自德国的伦琴、韦斯维勒以及更多的家具师，也都得到王室的重用，从另一角度看，在 18 世纪初，已经有不少的德国家具师在巴黎了，这多少和他们的精细工艺，精巧的设计甚至敏锐的把握时尚能力有关，在法国新古典主义流行的前期，即路易十六时期，巴黎的高级家具业务几乎是德国人的天下。

瑞森纳（Jean-Henri Riesener 1734—1806）出生在德国的埃森，父亲是法院的法警，早年来到巴黎，大概在1754年，他开始在奥本的工坊里工作，1763 年，奥本去世，奥本的遗孀按照当时的惯例，接管了工坊，为了维持工坊的经营，邀请瑞森纳合伙，1768 年，两人结婚。瑞森纳以其出色的技艺，于 1769 年完成了师父遗留的几件未竟之作，其中包括路易十五那张著名的《国王办公桌》（现藏英国华莱士收藏馆），1774 年，他为当时的普罗旺斯公爵，即后来的路易十八制作了一张，款式看上去接近，但这张桌子更多地采用了直线，细木的镶嵌也开始采用几何纹样，已经透露出新古典主义的气息了。

插图 11　瑞森纳肖像　韦斯捷

插图 12　玛丽·安托瓦内特王后居室　凡尔赛宫

·274·

瑞森纳的事业在路易十六期间高歌猛进，1774年，他荣获国王的首席细木匠师称号，第二年，他为国王在凡尔赛的卧室配置了一张小橱柜，细木拼花，青铜镀金，极尽豪华，王室为之支付28，268里弗尔，据说这是整个18世纪最昂贵的家具（这件也在英国的华莱士收藏馆），几年后，瑞森纳还为尚蒂伊堡（Château de Chantilly）配了另一张。1778年，他与德国机械师麦克林合作，为王后玛丽·安托瓦内特的卧室制作了一张带有摇臂装置的多功能台子，内置台架升起可以变成化妆台，降下则可以用作书桌。他为王后在圣云城堡（Château de Saint Cloud）的房间配置的小橱柜采用了日本漆艺技法，螺钿镶嵌，比细木拼花的方式更为昂贵。为王室服务那些年中，瑞森纳总共获得了900，000里弗尔的收益，路易十六后来无奈召开三级议会，目的是征税以填补国库空缺，以家具窥全貌，如此奢靡，能不赤字！

瑞森纳的客户除了王室，还包括当时大量的贵族及其他国家的王室，如奥尔良公爵、波兰国王（路易十五的岳父）等等，在巴黎拥有很高的声誉，当时著名的画家韦斯捷（Antoine Vestier 1740—1824）还为他画了一张肖像，瑞森纳坐依在自己设计的桌子旁，右手拿着铅笔，这个姿势似乎象征着画中人希望自己能为家具设计建立新的法度，当然，瑞森纳确实继承了奥本的核心精神，并通过努力确立了自己在新古典主义家具新世界中的崇高地位（插图11—29）。

插图13　路易十六式拼花写作桌桌面　仿瑞森纳设计

插图 14　　瑞森纳家具在王后化妆室中　凡尔赛

插图 15　　尚蒂伊堡

插图 16   路易十六式细木拼花写字桌   瑞森纳（传）   1870 年

插图 17　细木拼花化妆桌　瑞森纳

插图 18　可升降化妆桌　瑞森纳

插图 19　　左图局部

插图 20　　依据瑞森纳原设计复制的五斗橱　19世纪

插图 21　　细木拼花青铜镀金五斗橱　瑞森纳　为王后在尚蒂伊堡卧室定制

插图 22　系木拼花五斗橱　瑞森纳

插图 23　五斗橱　瑞森纳　为王后在麦丽城堡卧室定制

插图 24　上图局部

插图 25　细木拼花写字桌　瑞森纳

插图 26　日本漆板镶嵌写字桌　瑞森纳　为王后在圣云城堡卧室定制

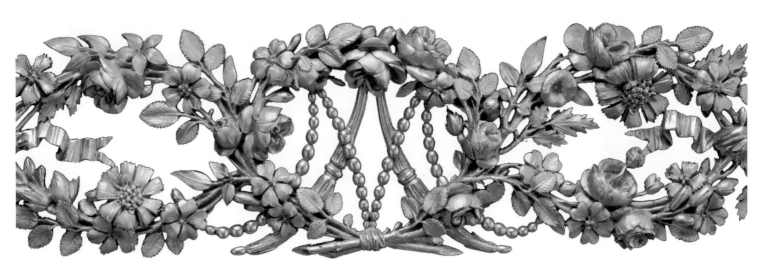

插图 27　玛丽·安托瓦内特王后专用徽章

插图 28 日本漆板镶嵌小橱柜 瑞森纳 为王后定制

插图 29　小橱柜　瑞森纳　为王后定制

大革命期间，王室的家具被拍卖，瑞森纳买回了不少自己做的家具，但后来也没再卖出去，或许因为他德裔的敌对国身份，天才也无用武之地，瑞森纳找了一份工作，法院的估税员，这个职务跟当年他父亲职务很相似！

勒鲁（Jean Francois Leleu 1729—1807）也在奥本的工坊工作，他是法国人，比瑞森纳大五岁，当奥本去世时，勒鲁觉得应该由他参股继续经营工坊，但奥本夫人还是选了瑞森纳，勒鲁为此极为恼怒，还动手打了瑞森纳，经警方出面才算停息，勒鲁很快离开，并建立了自己的工坊。他的部分产品是通过中间商委托订货，主顾是当时巴黎重要的收藏家人群，产品风格也比较明显，显示出洛可可的风格，多用刚刚开始流行的玫瑰花做装饰，少量结合了塞夫勒陶瓷，瓷板纹样大量也是是玫瑰花。1772年后，勒鲁受雇为孔代亲王制作家具，这期间，勒鲁迅速展示出新古典主义风格，出现了直线形的柜子，明显几何化的钻石形细木镶嵌和花篮纹样的拼花，以及硕壮的狮子脚等当时被作为典型的"希腊"化的形式。大革命后乃至拿破仑执政期间，勒鲁的工坊仍然维持着经营，这或许跟他的本国身份多少有些关系（插图30—36）。

插图 30　　下图局部

插图 31　　路易十六式办公桌　勒鲁　约1765年

插图 32   写作桌   勒鲁（传）   1775 年

插图 33   五斗橱   依据勒鲁原设计复制   1900 年

插图 34　　五斗橱　勒鲁　法国卢浮宫博物馆藏

插图 35　五斗橱　林克（FRANÇOIS LINKE 1855—1946）依据勒鲁原件复制

插图 36　细木拼花镶嵌塞夫勒瓷板写字桌　勒鲁　法国卢浮宫博物馆藏

1766 年，小伦琴（David Roentgen 1743—1807）接管了父亲老伦琴在德国新维德市创建的家具工坊，为了拓展市场，小伦琴于 1774 年第一次造访巴黎，只认识了几个德国雕刻师，但他已经非常敏感地意识到，巴黎才是整个欧洲高级家具的最大市场。1779 年，他带着一大批的家具再到巴黎，建了一个仓储式的家具卖场，他的家具通常都有特殊的机械装置，有的还可以通过开关抽屉奏出音乐。这次冒险空前成功，卖给国王路易十六的家具总值达 96,000 里弗尔，接下来的十年间，他卖给王室的家具货值接近一百万，超过了瑞森纳，因此，伦琴的产品在巴黎产生了极大的影响。通过评论家格林的推荐，伦琴结识了沙皇凯萨琳大帝，把大量的家具卖到了圣彼得堡，其后，他还把产品推销到意大利、荷兰，当然，普鲁士国王威廉二世也是他的主顾。在 18 世纪，能够的成功地把高级家具的业务拓展到几乎全欧洲的工坊，仅伦琴一家，在那个时代，法国只有极少数高级的家具师能够偶尔为国外的雇主打造家具，而英国也只有很少的漆艺家具能够出口，而有趣的是，伦琴的家具没有一件是在巴黎制作的（插图 37—42）。

插图 37　　大卫·伦琴和同伴在圣彼得堡

插图 38　　可拉伸工作台　大卫·伦琴工坊

插图 39　可开合家具　大卫·伦琴

插图 40 　可折叠游戏桌　大卫·伦琴

插图 41　边桌　大卫·伦琴

插图 42　边桌　大卫·伦琴

德国家具师韦斯维勒（Adam Weisweiler 约1750—约1810）被誉为"条顿元素"在路易十六晚期流行的最优秀代表，韦斯维勒出生在新维德，1777年，他已经结婚并定居巴黎，第二年就获得家具师"大师"的资格，在细木师傅比较集中的圣安托万大道附近，他创建了自己的工坊，在其后的十年间，他打造出风格独特、品质奇佳的家具，简练挺拔的结构线条，圆锥形的脚腿是他的典型标志，在工艺上，大量使用日本漆工艺，结合黄铜镀金的雕塑或浮雕，也使用大理石拼花工艺。有传说他早年在伦琴的工坊里工作，但从现有其作品看，却很难发现伦琴风格的痕迹，倒是从韦斯维勒的家具代理商达盖尔（Dominique Daguerre）的背后可以发现他和大师贝纳德（B. V. R. B）之间的关系，达盖尔于1778年接管了贝纳德工坊（由贝纳德的儿子经营直到1799年）的业务，在巴黎市中心的圣奥诺尔大街开了家具店，成为贵族、名流经常光顾的地方，当时著名的雕刻师吉尔德长期和韦斯维勒之合作，显然也是达盖尔促成的，他们俩很早就认识，关系非常密切。可以说，韦斯维勒独特风格的出现，很大程度与盖达尔有关，即使不是他提供了设计，但肯定在风格特征甚至工艺细节方面给了韦斯维勒很大的协助。

现存卢浮宫的带看板的写字桌是韦斯维勒的杰作，应该也是法国早期新古典主义的经典之作，桌子的外形看似简洁，但工艺极为复杂，橡木作结构，黑檀贴面，槭木作抽屉，桌面使用了原装的日本漆板，沙金石和螺钿作镶嵌，青铜镀金的女像雕塑由吉尔德制作。

经达盖尔推荐卖给安托瓦内特王后，原本用来装饰王后在凡尔赛宫的"黄金屋"，屋子的墙面是用日本金漆装饰，配合漆家具正好，这种房间装饰的方式显然是王后对自己童年时代维也纳美泉宫的回忆，她母亲凯瑟琳女王就有一间几乎全部用中国漆装饰的房间。王后在1785年的日记中写道："非常美丽的大漆桌子，腿部及其它部位的装饰都那么特殊而有魅力，青铜亚光镀金的效果真好，付款3,260里弗尔。"

不过，这件家具在几年后（1789年）出现在圣云城堡的家具清单中，看来，王后又把它从凡尔赛搬到了刚刚装修好的房子里来了（插图43—53）。

插图43　维也纳美泉宫中的"中国房间"

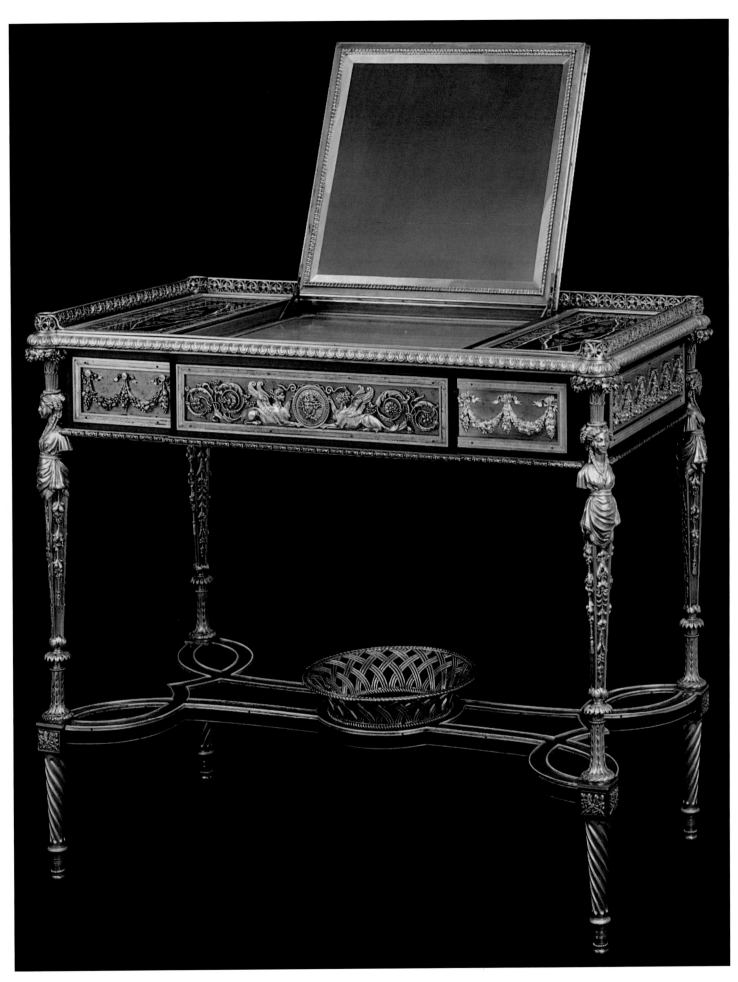

插图 44　王后化妆桌　韦斯维勒

插图 45　王后化妆桌　韦斯维勒

插图 46　依据卢浮宫原件复制品　约 1900 年

插图 47　依据韦斯维勒风格创作写字桌　19 世纪晚期

插图 48　日本漆板镶嵌五斗橱　韦斯维勒（传）

插图 49　日本漆板镶嵌五斗橱　韦斯维勒

插图 50　中国漆板（疑）镶嵌五斗橱　韦斯维勒

插图 51　　日本漆板镶嵌橱柜　韦斯维勒

插图 52　"威吉伍德"瓷板镶嵌橱柜　韦斯维勒（印章签名）

插图 53　橱柜　韦斯维勒（传）　美国大都会博物馆藏

奢侈品中间商达盖尔当时几乎垄断了用于家具装饰的赛夫勒瓷板，但在韦斯维勒的家具中几乎找不到，似乎达盖尔是为了凸显或者塑造韦斯维勒的独特风格，而另一位同样也是由达盖尔代理的家具师卡林（Martin Carlin 1730—1785）则以瓷板为典型装饰材料，形成了与韦斯维勒明显的风格差异。英国"维多利亚和阿尔伯特博物馆"（V&A）收藏有两件漆家具被注明为"可能"是卡林的作品，至少其中一件柜子的制作时间显示为1785—1790，但1785年卡林即已过世，柜子正面漆板的"开光"风格倒是显示出和韦斯维勒那件写字桌高度相似，后者当时还在世（插图57—61）。

卢浮宫最新出版关于馆藏18世纪装饰艺术一书中（*Decorative Furnishings and Objects d' Art in the Louvre from Louis XIV to Marie-Antoinette* 2014 年版），卡林的作品被收录了六件，而同期韦斯维勒的作品仅仅收录一件，从另一个角度也能反映出卡林在法国18世纪晚期地位的重要性。他的重要性可以从两个方面体现出来，一方面，卡林几乎是把瓷板用作家具装饰的第一位大师（他实际获得家具"大师"称号的时间是1766年），卢浮宫馆藏有两件瓷板家具，都是为路易十五最后一个情妇杜巴丽夫人定制的，其中，小橱柜沿用了洛可可风格的瓷板装饰，而茶桌则采用了一度流行的"土耳其"主题的装饰，瓷板的作者是当时著名的瓷板画家多丹（Charles Nicolas Dodin 1734—1803）。两件瓷板的风格差异较大，原因在于，洛可可风的瓷板创造于1763年，因此，制作于1772年的小橱柜利用了老瓷板，而土耳其主题的则创造于1774年，与桌子的制作时间一样。小橱柜原本在凡尔赛宫，后来被搬到了路维希安城堡（Chateau de Louveciennes），1774年5月，路易十五在临终前，将情妇杜巴丽夫人放逐到这里，她在这里接着扮演情妇的角色，但男主角已经变了，她在城堡中还主办沙龙，带音乐主题的茶桌据说就是为沙龙空间定制的。这个女子后来被玛丽·安托瓦内特从城堡驱赶到修道院，大革命期间，这两位时尚的顶级推手，曾经的宫廷权力竞争者，都被送上了断头台（插图54—56、62—67）。

插图 54　瓷瓶 1　多丹

插图 55　瓷瓶 2　多丹

插图 56　杜巴丽夫人肖像　1770 年

插图 57　　日本漆板镶嵌五斗橱　卡林（传）　法国卢浮宫博物馆藏

插图 58　　"塞夫勒"瓷板镶嵌五斗橱　卡林

插图 59   "塞夫勒"瓷板镶嵌化妆台   卡林

插图 60　硬石镶嵌橱柜　卡林

插图 61　硬石镶嵌小橱柜　卡林

插图 62　　"塞夫勒"瓷板镶嵌边柜　卡林　美国大都会博物馆藏

插图 63 "塞夫勒"瓷板镶嵌橱柜 卡林 美国大都会博物馆藏

插图 64 "塞夫勒"瓷板镶嵌橱柜 卡林（传）

插图 65 "塞夫勒"瓷板镶嵌写作桌 卡林

插图 66　　"塞夫勒"瓷板镶嵌五斗橱　卡林（传）

插图 67　　细木拼花化妆桌　卡林

另一方面，卡林时代大量的优秀家具折射出另一类人物的价值，那就是已经存在了百年以上的特殊行业"奢侈品代理商"，他们在一定程度上是那个时代风格背后的重要推手，比如达盖尔，他子承父业，是韦斯维勒的代理商，也代理卡林及其学生施耐德（Gaspard Schneider 生卒不详 德国籍，后来也和卡林的遗孀结婚），达盖尔协助韦斯维勒充分发挥了贝纳德的风格，同时，也利用了代理商提供的进口日本漆器，而把彩绘瓷板专供给卡林，由他发挥。施耐德则主要利用从日本进口的漆器制作家具，他的做法和韦斯维勒一样，把漆器拆开，把能利用的漆板镶嵌到家具侧面，或者变成抽屉的外板，漆器也是由达盖尔提供，但是更具代表性的似乎是那些由木板成型的家具（插图68—72）。

乔治·雅各布（Georges Jacob 1739—1814）被誉为是18世纪法国家具史上最后一位木工大师，同时，也是19世纪的第一位家具生产商。这位农夫的孩子，从勃艮第来到巴黎，在路易十五宫廷的洛可可家具匠人德拉诺瓦（Louis Delanois）门下学习，因此，雅各布早年的家具也接近师父的风格，1765年左右，他开始接受当时显得时尚的路易十六风格，也就是新古典主义，他制作的椅子外形趋向简化，出现了直角弧线形的"军刀腿"，几年后，他已经在巴黎声誉鹊起，皇室成员以及不少在巴黎上流社会的外国人成为他的主顾，他卖给路易十六的弟弟普罗旺斯伯爵（即后来复辟的路易十八）的家具货值85,000里弗尔，1782年，他卖了一张床给奥古斯都公爵（Carl August Duke of Zweibrücken Birkenfeld），引起不小的轰动，成为新闻，上了当时的《巴黎日报》（Journal de Paris），这张床现存慕尼黑的主教宫博物馆（Residenz Museum），与同时期的床相比，雕刻的意味更强，另一张相似的床，由乔治四世（George IV）收购，现存英国皇室，1785—1790期间，雅各布也通过中间商达盖尔把自己的椅子推销给英国的卡尔顿宫（Carlton House）（插图73—78）。

插图68　五斗橱　施耐德

应该也是在这个时候，法国最伟大的古典主义画家大卫也开始跟他合作，画家提供设计稿，而雅各布负责制作，批评家德拉吕在内阁执政时期（1795—1799）有相关的记录："巴黎的豪宅中充斥着路易十五或者玛丽·安托瓦内特风格"，而在大卫的画室中，让他惊讶的是，"重色调的桃花心木质的椅子，裹着红色的丝绒软垫，软垫的纹样是黑色的棕榈叶"。德拉吕认为，这种造型及色彩风格应该来自希腊瓶画（注：古希腊瓶画主要以"红底黑绘"和"黑底红绘"两种风格构成），根据德拉吕的记录，另外还有扶手椅用镀铜装饰，软垫是红黑相间的色彩，这些家具作于 1788 年前，而风格显然已经属于十几年后的"帝政式"了，这些家具由大卫和他的学生莫罗（Moreau）提供设计，雅各布制作，大卫还为当时很年轻的沙尔特公爵（Duc de Chartres）提供了相似的家具设计，也由雅各布制作。大卫的油画《帕丽斯和海伦》和《布鲁图斯》中也出现了相似风格的家具，这两件作品都完成于 1789 年。作为画家的大卫开创了家具的新风尚，而与之合作的雅各布则将这种风尚表达得淋漓尽致。

插图 69　　橱柜一对　　施耐德

插图 70 　展示柜 　施耐德

插图 71　写字柜　施耐德

插图 72　小台一对　施耐德

插图 73　沙发　雅各布

插图 74　细木拼花沙发　雅各布

插图 75　扶手椅　雅各布

插图 76　　扶手椅　雅各布　美国大都会博物馆藏

插图 77　　扶手椅　雅各布　美国大都会博物馆藏

插图 78　　中心桌　雅各布

大革命前夕，除了与大卫师徒合作外，雅各布还与另一位画家罗伯特（Hubert Robert 1733—1808）有过合作，为玛丽·安托瓦内特在刚刚完成的朗布依埃城堡（Château de Rambouillet）中的起居室制作了整套的家具，雅各布在自己的日志中有相关的记录，其中的椅子采用了"由罗伯特设计的带有意大利伊特鲁里亚（Etruscan）风格的新样式"，这个地区曾经是是古希腊艺术的核心区之一，当时的考古发掘出了希腊时期的彩陶瓶，这个名字后来也用于描述古罗马鼎盛时期——"伊特鲁里亚时期"。后来雅各布还为杜伊勒里宫复制了一套这样的椅子，主顾是拿破仑（插图79—84）。

虽然大量匠人的生意在大革命期间一落千丈，雅各布却是个例外，这多亏了大卫，使他在革命的恐怖中不仅得以安然，并且还寻得了像罗伯斯庇尔和拿破仑那样的主顾，大卫把雅各布介绍给拿建筑师皮谢尔（Charles Percier 1764—1838）和封丹（Pierre Fontaine 1762—1853）为当时的公共救济委员会（Comité Du Salut Publique）制作家具。这两位在1801年同时被拿破仑任命为官方建筑师，

实质成为其御用室内设计师，留下了大量的家具设计样式，是"帝政式"家具的主要设计师。从1800年起，当时已经退休的雅各布，在两个儿子的协助下，也根据皮谢尔和封丹的设计，为杜伊勒里宫以及玛尔美佐宫等"拿破仑风格"的宫殿配制真正的"帝政式"家具，在这期间，雅各布的木工作坊竟然发展成有一定规模的工厂，这与当时宫殿改造的工期紧迫有关，不小规模的家具配置应该也出现了工期的限制，从拿破仑自己后来的日记中的回忆也可以看出："我修建了几处王宫，我置了许多家具塞满了王宫"（一八一五年九月六日），这迫使雅各布扩大工坊，增加人手，甚至调整家具的风格及工艺。有人已经看出，这些家具的造型普遍比较简单，而且装饰也较为接近，复杂而耗工的镶嵌和雕刻工艺被刻意避免，浮雕和立体造像采用青铜铸造镀金工艺。椅子、桌子和五斗橱等家具出现了相同款式，标准化复制的痕迹，工匠的生产带有组装性质了。尽管如此，雅各布生产的家具依然保持着上佳的品质，或许正是这种品质的保障，让雅各布家族的经营得以传承，历经三代，一直延续到1870年。

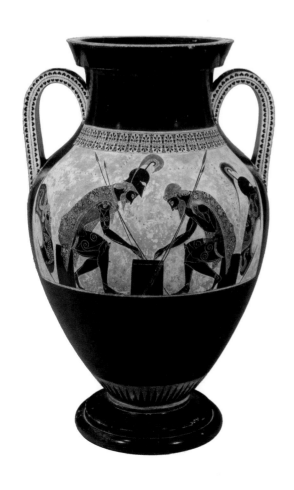

插图 79　古希腊陶瓶 1　公元前 5 世纪

插图 80　古希腊陶瓶 2　公元前 5 世纪

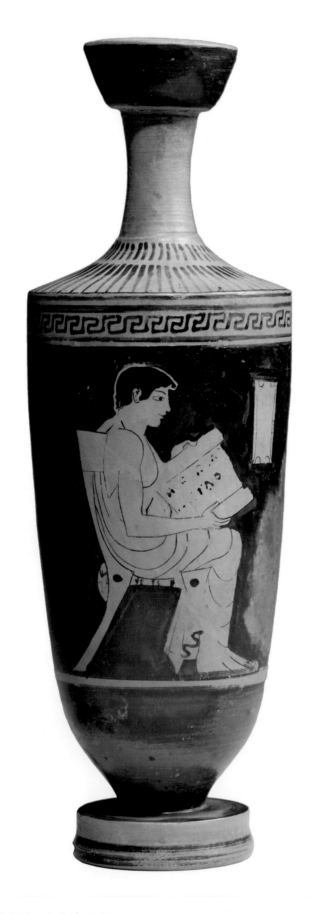

插图 81　　古希腊陶瓶 3　公元前 5 世纪

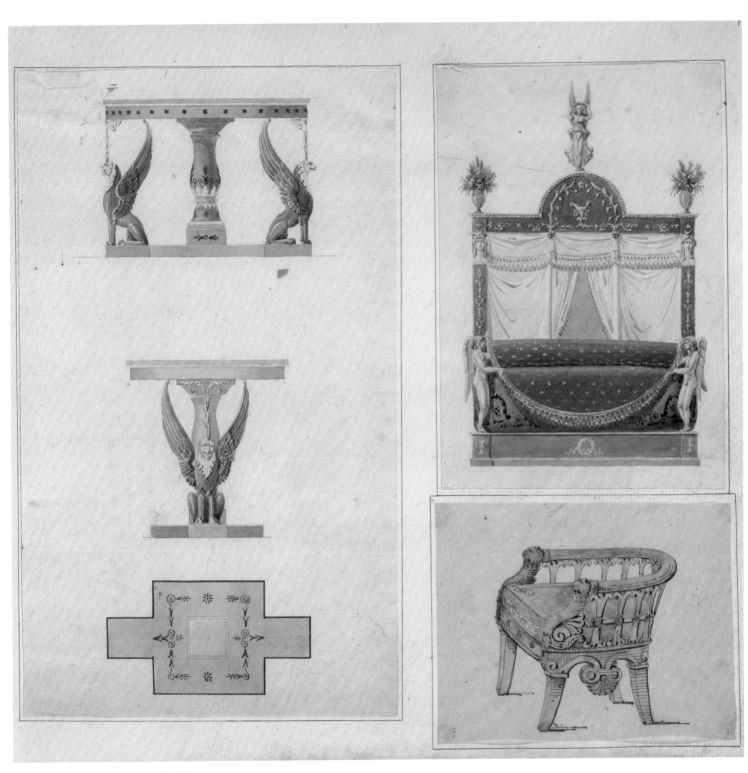

插图 82　家具设计稿　皮谢尔

插图 83　　青铜鎏金人像桌　雅各布　为凡尔赛宫定制　1781 年

插图 84　左图人像局部

插图 85 古希腊铜灯 公元前 8 世纪

新古典主义画家

画家大卫是法国新古典主义家具史一道亮丽的风景，除了设计家具外，大卫在大量的作品中都曾着力表现家具，家具在一定程度上成为画家表达艺术真实的一个重要道具，大卫在 1799 年创作油画《萨宾女人》时，曾经说道："当我画这幅的时候，我曾力求把古代风俗习惯表现得精确到使希腊人和罗马人看了我的作品不会把我当作外人。"所谓"古代习惯"，或许也包括了家具、服装、发型甚至其他道具。

创作于 1800 年的《雷卡梅尔夫人像》或许更准确地表达了这种观念。这位夫人的银行家丈夫是拿破仑担任第一执政时期（1799—1804）的重要金融后援，这对有钱的老夫少妻的府邸的装修是由皮谢尔设计，雅各布负责了家具的配置。据说这位名媛抱怨画家作画速度太慢，认为画中人的发型和白色的长袍也不好看，更不能接受那双裸露的双脚，干脆暗中请人另画，大卫一气之下，停止了创作，作品因此也成为一件著名的未完成名作。那张完成的肖像是大卫的学生热拉尔（Franois Gérard 1770—1837）画的，画中的名媛斜靠在路易十六时代的新古典沙发上，古罗马式的白色长袍改成了时尚的白色礼服，发型没变，双脚依然裸露，因为大卫的这件名作，法国人干脆以这位名媛的名字把沙发类躺椅命名为"雷卡梅尔"（Récamier）（插图 85—87 ）。

插图 86　　雷卡梅尔夫人肖像　大卫　1800 年

插图 87　　雷卡梅尔夫人肖像　热拉尔

大卫画中的这位年仅二十三岁的巴黎女子倚坐在一张"古风式"（antique-style）卧榻上，榻旁那盏铜灯据说是从庞贝出土的古董，但更像是从伊特鲁里亚地区出土的古罗马遗物。而那张卧榻据说是早年大卫的设计，雅各布制作完成，与这张榻类似的造型在大卫的几件重要作品中出现过，《帕里斯和海伦》（Paris and Helen）最早，完成于1788年，近三十年后的1817年，再出现在《丘比特和普赛克》（Cupid and Psyche），而《被维纳斯解除武装的战神马尔斯》（Mars disarmed by Nevus and the three graces）完成于1824年，第二年，被流放近十年的大卫以七十七岁的高龄在布鲁塞尔过世。显然，大卫所设计榻的原型来自古罗马，现有考古发掘物主要有石质和铜质的，庞贝遗址中有青铜遗物，大都会博物馆藏有一件是由木头、骨头和玻璃构成的，时间为公元1到2世纪期间，与《雷卡梅尔夫人像》中的造型最为接近，大卫在意大利待了四年时间，对古罗马石棺肯定非常熟悉，两头高高翘起的床型石棺或许是他的家具设计的主要来源（插图88—93、96）。

大卫的绘画中除了床榻，还出现了不少的椅子，《布鲁图斯》画面中部和右边出现的椅子在古罗马伊特鲁里亚地区广泛流行，被称作"桶椅"，这件高亮度的明黄色椅子处于画面的正中，多少显得有些突兀，仔细推敲，假设没有这张椅子，几乎居中的柱子可能将画面分割成无法连接的两个部分，因此，椅子连接了画面的左右，而空无人坐的椅子同时也成为一个暗示，象征了英雄的逝去，或者希望英雄的重生。左边的椅子造型极有可能来自古希腊雕塑和瓶画，这类椅型被称为"克里斯莫斯（klismos）"，《安德洛马克的悲伤》和《萨福和法翁》中的椅子也属于这类型。《教皇皮乌斯七世的人像练习》中的椅子则基本来源于文艺复兴时期最典型，曾经体现权威的"但丁椅"。如果前面这几件家具主要为表达大卫"艺术真实"的观念话，《办公室中的拿破仑》中充满装饰的椅子显然在显示权威了，"办公室"中那张椅子除了有象征拿破仑的蜜蜂徽章纹样外，代表皇家的"N"字纹样也一并出现（插图94、95）。

插图88　　苏格拉底之死　大卫

插图 89　帝政式扶手椅　雅各布

插图 90 　布鲁图斯 　大卫 　1789 年

插图 91 　布鲁图斯 草图 大卫 　从草图中尚看不出椅子的特殊象征，而油画稿中去掉了画面正中的人物形象，椅子的色彩也作了强化，象征得以显示

插图 92　　帕里斯和海伦　大卫　1788 年

插图 93　　被维纳斯解除了装备的战神马尔斯　大卫　1824 年

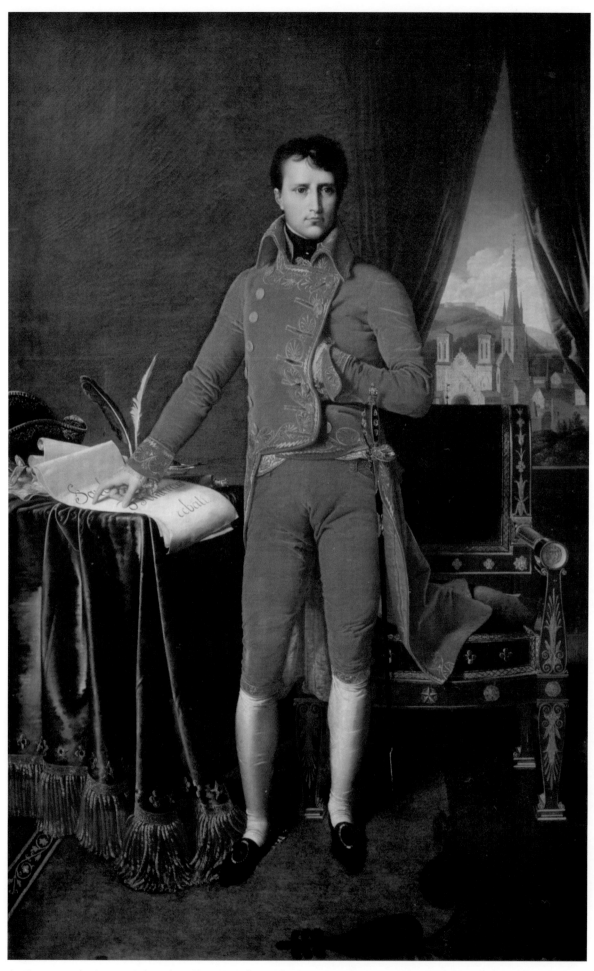

插图 94　　拿破仑·波拿巴成为第一执政官　安格尔　1803 年

插图 95　　拿破仑皇帝在他的办公室　大卫　1812 年

插图 96　　古罗马榻　2 世纪　美国大都会博物馆藏

承接大卫新古典主义衣钵的是安格尔（Ingres 1780—1867），他少年时师从大卫，后来在罗马游学长达七年，主要研究以拉斐尔为重点的意大利文艺复兴艺术。家具也不时出现在安格尔的作品中，目前还不清楚，是否安格尔也像大卫那样自己设计家具，从《达芬奇之死》中可以看出，画家对在画面中的椅子也赋予了"英雄"的象征，手法与大卫的《布鲁图斯》如出一辙。在《拉斐尔与弗纳利娜》中，通过还原历史的手法，以女神后面那张高背椅象征高贵，画面中的黑、红和黄色的组合本身也显示出安格尔对大卫的继承。《拿破仑·波拿巴成为第一执政官》是安格尔描绘家具最精致的一件作品，画面的主色调与家具的主色调完全一致，黑色、金色和红色把法国新古典主义家具的基本特征表达得一览无余，而《宝座上的拿破仑一世》中，

金色宝座的后背是菱形组合纹样，热拉尔绘制的拿破仑肖像中也出现了这款家具，是拿破仑作皇帝期间的典型装饰，不过，安格尔将家具象征化了，熠熠闪耀的弧形后背几乎就是上帝"神光"的显现（插图 97—102、106—115）。

有趣的是，安格尔的艺术对手德拉克洛瓦，法国杰出家具大师的后代，在他众多浪漫主义的绘画中，几乎看不见像样的家具，倒是大卫给他姐姐画了一幅有家具的《雷蒙德夫人肖像》，椅子横档上的"尾叶"（Trailing Leave）形装饰在也出现在玛尔美佐宫，在约瑟芬皇后的起居室里，椅子和壁炉隔屏上，都有这种贴金纹样（插图 103—105）。

插图 97 达芬奇之死 安格尔 1818 年

插图 98　拉斐尔与弗纳利娜　安格尔　1814 年

插图 99　拿破仑肖像　热拉尔

插图100　　宝座上的拿破仑一世　草图　安格尔　宝座的后背的明暗关系较为整体，而油画中弧边突出，体现出神性"背光"的象征。

插图101　　拿破仑宝座

插图 102　　宝座上的拿破仑一世　安格尔　1806 年

插图 103　　雷蒙德夫人肖像　大卫　1799 年

插图 104　　玛尔美佐宫　约瑟芬皇后起居室 1

插图 105　　玛尔美佐宫　约瑟芬皇后起居室 2

插图 106　路易十六式扶手椅 1　法国卢浮宫博物馆藏

插图 107　　路易十六世扶手椅 2　法国卢浮宫博物馆藏

插图 108　　路易十六世扶手椅

插图 109   拿破仑三世风格扶手椅一对

插图 110　　路易十六式长沙发

插图 111　　路易十六式扶手椅

插图 112　　路易十六式沙发

插图 113　　扶手椅一对　雅各布

插图 114　　办公椅　皮谢尔设计　约 1835 年

插图 115　　"塞夫勒"瓷板镶嵌中心桌　拿破仑三世风格

彼德迈式（Biedermeier style）

德国和奥地利的新古典主义

1815 年，拿破仑兵败滑铁卢，从艺术角度看，某种程度上也意味法国艺术垄断地位的动摇，拥有深厚手工传统的德国和奥地利，在获得军事和地缘政治的成功后，也开始在艺术上展开自我思考，古希腊、罗马，甚至埃及也成为德国设计的创意资源，毕竟，新古典主义的形式来源原本就不在巴黎。

"彼德迈"出自一首诗歌的作者笔名（一个医生和另一位律师共用的笔名），诗歌描绘了一个朴实而有些迂腐的中产阶级的形象，诗歌发表在慕尼黑的一份名叫《飘零之叶》（Fliegende Blätter）的杂志，杂志主要发表没有政治态度甚至带有诙谐调侃意味的诗文和绘画，艺术史上著名的那张《鸭子或兔子》最早就发表在这个杂志上，杂志成为德国中产阶级文化开始流行的象征。"彼德迈"特指 1815 年到 1848 年期间，德国（普鲁士）和奥地利囿于专制的和平时期的艺术形态，广泛应用于建筑、绘画、文学和音乐中，家具评论家普遍认为，在欧美国家中，"彼德迈"家具最早反映出中产阶级的价值观（插图 116）。

一如法国，建筑师成为新古典主义的家具艺术发展的重要力量（当然，画家大卫也功不可没），建设师辛克尔（Karl Friedrich Schinkel 1781—1841），作为德国历史上无可争议的伟大建筑师，现在柏林的文化地标"博物馆岛"中的"旧博物馆"是他新古典主义建筑的代表作，辛克尔同时也揭开了德意志新古典主义家具的序幕，家具成为其建筑中重要的，甚至是不可分割的组成部分（插图 117）。

早在 1802 年，辛克尔就开始从事"古风家具"（Antiken Möbel）设计，包括比例失调，显得矮胖的圆桌，庞贝型的三脚桌，以及扶手椅等，评论者认为，当时还很年轻的设计师尚显稚嫩，还在拘谨地模仿古代艺术。其后，辛克尔开始了自己一次长达三年的艺术巡游，从德国到奥地利，驻留意大利，再经由巴黎回到柏林，从事绘画创作和建筑设计，1809 年，辛克尔受命于弗里德里希·威廉三世，参与设计夏洛腾堡宫西厢房东头的起居室，同时，也为路易王后设计了梳妆台和床等，这批家具摈弃了当时法国"帝政式"装腔作势般的过度装饰，简练的线条构成了家具的轮廓，显得有些"现代"，没有复杂的纹样装饰，也没有

插图 116 《兔子或鸭子》

插图 117 柏林"博物馆岛"内的"旧博物馆"

插图 118　　室内设计稿　辛克尔　1835 年

炫耀豪华的青铜镀金工艺，整片的山毛榉木作为嵌板，显得朴素而淡雅，这批家具预示着具有独立设计观念的"彼德迈"风格的开端。美国大都会博物馆收藏了一件辛克尔后期设计的扶手椅，山楸木贴金，椅子后腿的"军刀腿"样式来自路易十六式，扶手下方的斯芬克斯雕像显示出古埃及对当时欧洲国家的广泛吸引力，纤细的雕塑和椅子前退的硕壮有些不协调，现存辛克尔类似的设计稿似乎没有这个问题。大都会还收藏了另一件传为辛克尔设计的圆桌，伊特鲁里亚式三脚灯座，配上普鲁士皇家陶瓷厂生产的瓷板桌面，细节精致而整体略显臃肿，倒是在造型气质上折射出彼德迈风格隐含着的不那么灵巧的特征。普鲁士王子奥古斯特（Prince August of Prussia）是巴黎名媛雷卡梅尔夫人的追求者，两者有过热烈的交往，一度曾打算结婚，德国著名肖像画家克鲁格（Franz Krüger）给王子画的一幅肖像记录了这段爱情，似乎绘制肖像画本身的目的就是为了表白王子对爱情的坚定，画面中，佩戴铁十字勋章的王子背后悬挂着那幅由热拉尔创作的名媛肖像，而王子左右的家具，几乎是直线组合的立体结构，显示出明显的建筑感，款式出自辛克尔的设计，椅子腿部的棕榈叶造型与热拉尔画中椅子的腿部造型纹样竟然完全一样，是设计师刻意为之的"睹物思人"般情怀，还是碰巧的设计智慧？总之，从绘画到建筑，从家具到陶瓷器物，辛克尔均有涉猎，其实，连那个后来被纳粹挪用而臭名昭著的十字勋章的设计也出自这位大师之手，这种综合的艺术高度让人不禁想起德国文艺复兴时期著名的几近全能艺术家克拉纳赫，而辛克尔带有"现代"意味的建筑和家具设计被认为直接影响了百年后带有革命性质的"包豪斯"（插图 118—131）。

插图 119　普鲁士王子奥古斯特像　克鲁格

插图 120　　葛林尼克宫中辛克尔的家具

插图 121　中心桌 1　辛克尔

插图 122　　中心桌 2　辛克尔

插图 123   "麦森"瓷板镶嵌中心桌，可能是辛克尔设计   瓷板的签名为克鲁格   1818 年

插图 124　瓷板镶嵌中心桌　辛克尔（传）

插图 125　扶手椅一对　辛克尔

插图 126 扶手椅 辛克尔

插图 127　　从柏林售出的靠背椅一对　辛克尔设计　1825 年

插图 128　　靠背椅　辛克尔

插图 129　　靠背椅一对　辛克尔设计

插图 130　瓷瓶　辛克尔设计

插图 131　瓷瓶　辛克尔设计

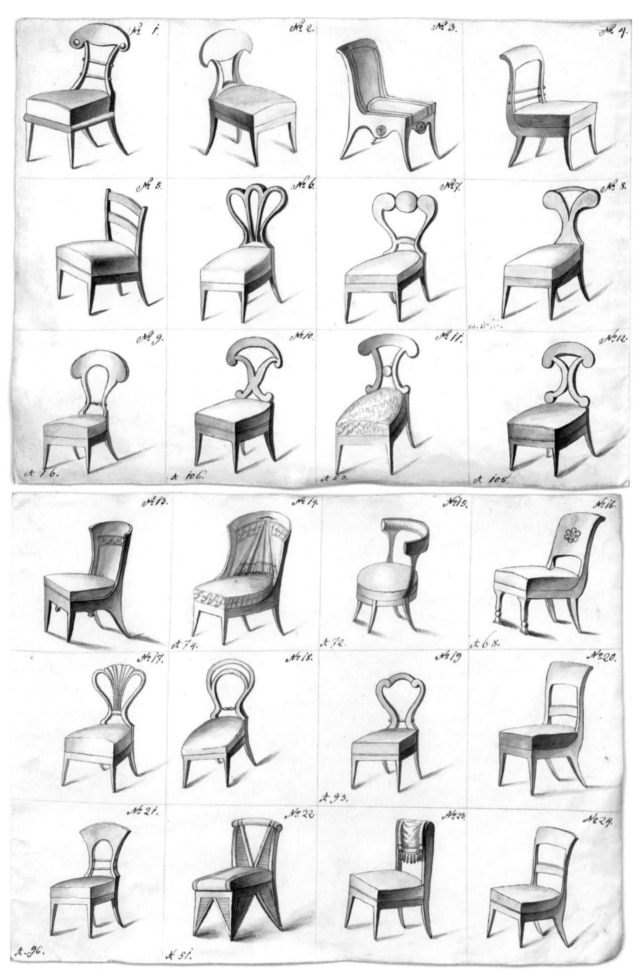

插图 132　椅子设计稿　丹豪瑟

插图 133　扶手椅　丹豪瑟

丹豪瑟（Josef Ulrich Danhauser ？—1829）是奥地利"彼德迈"风格家具的集大成者，早在 1804 年，他的家具已获得奥地利哈布斯堡皇室"皇家专用"的特权，纽约著名古董家具商卡尔顿•霍布斯（Carlton Hobbs）的藏品中有一件制作于 1790 年的扶手椅残件，满工雕刻，显示出丹豪瑟精湛的雕塑工艺，另有一件三脚圆桌，制作于 1819 年左右，桌脚由三个斯芬克斯雕像构成，与辛克尔的设计较为接近，共同显示出一种时尚。1814 年，丹豪瑟在维也纳成立了自己的工厂，宣称可以承接生产"所有类型的家具"（Furniture of all kinds），其后十五年期间，他针对维也纳大量的居家和办公空间，依据家具不同的功能，展开了大量的设计，他的设计稿现存维也纳"奥地利实用艺术博物馆"（Austrian Museum of Applied Arts 简称：MAK），设计多达 2500 多件，其中，椅子有 153 款，沙发 56 款，烛台 179 款……虽然部分设计还带有法国帝政式的痕迹，但绝大多数的设计

完全显示出他自己的风格，椅子似乎是文艺复兴时期的"斯卡贝罗"椅子的现代版，桌子和沙发几乎已接近"现代"。克鲁格 1846 年画有一幅普鲁士皇帝《腓特烈•威廉四世肖像》，画中的椅子显然出自丹豪瑟，"彼德迈"风格在 19 世纪中期的德国和奥地利，已经变成了足以与法国家具对抗的时尚。丹豪瑟过世后，工厂由他大儿子弗朗兹（Josef Franz Danhauser 1805—1845）一度接手主持经营。弗朗兹从小跟随父亲习画，后游学欧洲，曾任维也纳艺术学院的副院长，是奥地利重要的画家，他的作品《演奏钢琴的李斯特》显示出他与欧洲文艺界有着广泛的交往，雨果、缪塞、帕格尼尼、柏辽兹、乔治•桑等艺术家赫然在列，画面右下角背对观众的是李斯特的情妇达葛尔伯爵夫人，安格尔为她画过一张画。弗朗兹过世后，维也纳用他的名字给一条街道命名，足显丹豪瑟家族的影响力（插图 132—143）。

插图 134   家具设计稿 2   丹豪瑟

插图 135　　家具设计稿 3　丹豪瑟

插图 136　　家具设计稿　丹豪瑟

插图 137　　中心桌　丹豪瑟

插图 138　　靠背椅一组　丹豪瑟

插图 139　　靠背椅一组　丹豪瑟

插图 140　　靠背椅一组　丹豪瑟

插图 141　腓特烈·威廉四世肖像　克鲁格

插图142　演奏钢琴的李斯特　弗朗兹

插图143　偷猎者　弗朗兹　虽然当时的维也纳已处于现代设计的前夜，但画中的家具竟然呈现出文艺复兴风格

意大利

从1804年拿破仑登基，到1814年拿破仑家族的垮台，法国帝政式家具直接影响了意大利十年，拿破仑的妹妹艾丽莎（Elisa Baciocchi）作为意大利的实际统治者，也是意大利家具朝着古典主义方向革新的直接推手，这个追逐时尚和权力的女人留下过几张肖像，其中两张都坐在典型的帝政式家具上，其中一张简直是古希腊宝座的翻版。当这位"拿破仑女士"（当时对她的戏称）1805年刚到受封地卢卡（Lucca）后，立即着手"皇宫"的重新装修，最先，她从巴黎直接调派了一位名叫约夫（Youff）的工匠，作为自己的御用家具师，接着她雇佣了索契（Giovanni Socci），索契应该是佛罗伦萨的附近一个家族性的家具工坊的成员。1809年，当这位时尚女王变成托斯卡纳大公国的女王后，立即宣称自己在佛罗伦萨的皮蒂宫（Palazzo Pitti）"缺乏起码的布置"，除了从卢卡搬了很多家具到佛罗伦萨外，还接着让索契制作家具，有些家具现在依然保存在皮蒂宫。

这些家具的风格可以归入当时巴黎主流的帝政式，但在做工上存在着明显的差异，其中一种写字桌更是全然创新了，这张桃花心木的桌子可以通过滑轮开合，桌面可以拉伸，凳子随着底座打开，变成一张桌子和一张椅子，桌面上的阅读架也能升起，研究者认为，桌子可能是索契独立设计的，供艾丽莎旅行所用，虽然桌子的体积不小，但还是让人觉得精巧可爱，这种带有机械装置的家具让人想起大革命前的著名家具师奥本和伦琴，前者为当时最有权势的蓬巴杜夫人制作了带有类似机械装置的桌子，画家盖瑞（François Guérin）有一件夫人肖像，就是靠在奥本的机械家具旁，后者呢，自然是为安托瓦内特王后了（插图144—146）。

索契在拿破仑家族退出意大利后，销声匿迹，或许，他回了到佛罗伦萨，继续自己的家具师生涯，湮没在当地大部分家具师都重复着的帝政式中了。

插图144　多功能桌子1　索契

插图 145　　多功能桌子 2　索契

插图 146 艾丽莎·波拿巴肖像

意大利长期以来属于公国邦联国家，是欧洲统一较晚的国家，拿破仑占领期间，在亚平宁半岛西北部仅存一个独立的"萨丁尼亚王国"，在艺术及时尚方面自然也亦步亦趋地向巴黎看齐，国王卡洛·阿尔贝托（Carlo Alberto）在位期间（1831—1849），聘请了当地一位全才的艺术家帕拉吉（Pelagio Palagi 1775—1860）来打造他的"新古典主义"世界。

帕拉吉出生在博洛尼亚，先后在家乡古老的"克莱门蒂纳学院"（Accademia Clementina 始建于1582年）学习艺术，广泛涉猎绘画、雕塑、建筑及室内设计，三十岁起就开始名扬意大利，最终成为意大利"新古典主义"艺术的核心人物。曾先后在罗马和米兰开办艺术学校，培养了大批年轻的艺术家。1832年，应国王之邀，帕拉吉来到都灵，为都灵王宫、王室夏宫（Castello Racconigi）等皇室建筑重新装修，并为这些空间设计了家具，从现存夏宫的室内装饰壁画中，可以窥见帕拉吉对古罗马家具的研究（插图147—153）。

总体上讲，这些家具借鉴了巴黎的艺术风尚，同时，更发挥了意大利巴洛克艺术的传统，赋予造型强烈的雕塑感。现存都灵王宫里的宝座是这种气质的代表，宝座前部硕壮的狮头、往后卷曲的莨苕，和前倾的兽腿形成的运动与张力，显示出与"帝政式"的静态形成明显差异，流露出与"新古典主义"对抗的"浪漫主义"先声。现存美国大都会博物馆的椅子直接摒弃了"帝政式"招牌式的红、黑、金的色彩组合，回到一种更显历史与高贵的蓝色。王宫的议会大厅中有一张办公桌，1848年，欧洲大革命期间，国王在这张桌上签署了历史性的"都灵宪法"，宪法成为意大利最终统一的基础。帕拉吉有着明显政治倾向，与当时正值少壮的国王在独裁、民主及独立等话题均有过交流，这种惺惺相惜的关系多少有些与拿破仑与大卫之间的关系相似。桌子在米兰用青铜铸造，镀金，四只脚由四尊手持橄榄花环的胜利女神雕像构成，家具的形象本身蕴含着强烈的象征意味，这是超越拿破仑侵略与独裁式的古典，是对古希腊、罗马的回归，也是意大利统一复兴运动的艺术象征，而不再是简单的纹样装饰（插图154—157）。

插图147　建筑规划稿　帕拉吉

插图 148　　室内设计及家具　帕拉吉

插图　　1868 年，牛顿对光折射效应的发现　帕拉吉

插图 149　　室内装饰中的家具和陈设家具　帕拉吉

·383·

插图 150　　礼拜台　帕拉吉

插图 151　　有斯芬克斯像的中心桌　帕拉吉

插图 152 扶手椅 帕拉吉

插图 153 长椅 帕拉吉

插图 154　　蓝色扶手椅　帕拉吉　美国大都会博物馆藏

插图 155　　蓝色沙发　帕拉吉　美国大都会博物馆藏

插图 156　　边桌　帕拉吉设计

插图 157　　下图局部

插图 157　　青铜办公桌　帕拉吉

第五章　时尚主义

雾气蒙蒙的天空，

湿润的阳光，

对我的心智产生无限魅力，

如此神秘，

宛如你调情的眼神，

透过泪珠，莹莹闪耀。

那里，只有秩序、美、

奢华、宁谧、享乐。

家具亮闪闪，

经岁月打磨洗礼，

装扮我们的卧室，

最稀有的奇葩，

将自身芬芳，

融入天赐的幽香，

华丽的房顶，

深邃的明镜，

东方特色的富丽，

皆向心魂，

悄悄诉说，

其温柔的母语。

—— 波德莱尔

法国家具师弗朗索瓦·林克（François Linke 1855—1946）通常被认为是19世纪末20世纪初巴黎最伟大的"细木大师"，在工业文明狂飙突进的时代，他这个称号多少与今天中国的"非物质文化传人"有些相似的意味，美国大都会博物馆把他归入"新艺术"（Art Nouveau）运动中的一员，以"新洛可可"（Neo-Rococo）来定位他的家具，但在大都会博物馆的收藏目录中，查不到这位细木大师的作品，倒是在大量拍卖行的拍卖目录中常常见到他的名字，比如：佳士得在2010年、2005年、2000年，分别拍卖过林克的办公桌、五斗橱及钢琴等。正是这个细微的现象引发本书新增的这个章节，该章节主要立足19世纪中晚期，通过对法国、意大利等国家具师的个案分析，以描绘西方家具从农业文明的手工形态向工业文明的机械形态转型的"阵痛"过程中出现的一幕特殊而复杂的景象，在这个景象中，那些曾经具有明确时代内涵和艺术风格特征的经典家具，在艺术发展的长河中，已经沉淀为单纯的艺术风格形态，成为室内艺术消费系统中一个特殊的组成部分，而这个时代，被英国著名家具鉴定家佩恩（Christophe Payne）称为"法国家具的美丽年代"。

在2010年佳士得拍卖林克的家具说明中，引用了1900年巴黎世博会时一份杂志对他的赞誉："林克的展览是光辉的1900年家具艺术历史上最重要的事件。"维基百科英文版介绍林克时，也引用了同样的文字，维基还引用了一段出自同年介绍世博会的艺术专刊（*The Paris Exhibition. Art Journal 1900*）的文字，赞誉他作品的灵感来自经典的路易十五和十六风格，却没有"复制"的痕迹。

插图1　　写作桌　林克　这件家具几乎就是一件结构性雕塑，在整个欧洲家具史上也算创新

插图 2　林克在办公室

插图 3   埃及国王的客厅中，路易十六式椅子和林克的橱柜

插图 4　　阿德里安·艾伦古董店中林克的家具

林克不是法国人，出生于波西米亚（现属捷克）的庞克拉斯村（Pankraz），这个地方离布拉格不远，他的家具技艺最初可能是向当地的家具师傅学习的，1873年，林克参观了在维也纳举办的世界博览会，随后，他在布拉格、布达佩斯和魏玛一带走访了当地的家具作坊。1875年，林克到了巴黎，有一种说法是，他可能一度受雇于德国家具师茨威勒（Emmanuel Zwiener 1849—？），后者仅比他年长六岁左右，茨威勒也是著名的风格主义家具师，擅长包括路易十五、十六甚至帝政式等诸种风格，后来也和林克有过合作。这次，林克在巴黎仅仅算是逗留，更可能是寻找机会，不久他又回到老家，1877年，林克再度回到巴黎，并在第二年的巴黎世博会上崭露头角，1881年，林克在圣安托万路（Rue du Faubourg Saint-Antoine）170号创建了自己的工坊。1900年，林克在巴黎世界博览会展示了一套家具，获得了巨大成功，其中仿路易十五时期的"国王御桌"（Grand bureau）赢得了金奖，确立了他在巴黎高级家具行业中的地位。世博会的巨大成功为林克带来了稳定的收入，他在旺多姆广场（Place Vendôme）附近买下了一套公寓，从此定居巴黎。林克先后参加了各种国际性博览会，在1904年的美国圣路易国际博览会上，他再次获得金奖，后来，还参加了比利时的列日（Liège）博览会、伦敦世博会等，1906年他得到了法国最高荣誉十字勋章。

有评论认为，在1900年博览会上，林克的作品已经显示出他在借鉴前代风格的基础上，着力创新的努力。从1885年起，他与雕刻家雷昂·梅萨热（Léon Messagé 1842—1901）展开了长期合作，巴黎世博会上获奖的那张桌子就是他们合作的标志性成果。雕塑与家具的结合的传统由来已久，在意大利威尼斯一度成为巴洛克风格的主导时尚，总体而言，浮雕或者圆雕仍然属于家具的一个部件，或者局部装饰，但家具的"雕塑化"让这张桌子超越家具范畴，跨入了雕塑，从设计角度看，整张桌子俨然就是一件充溢着张力的"人马形"雕塑，家具原本带有对称感的结构性线条消失殆尽，取而代之的是充满生命与运动的水一般的激荡线条，大面积雕塑的镀金使家具散发出巴洛克的光彩。林克另一件桌子也表现出明显的雕塑感，与"国王御桌"相比，显得更加轻盈，流畅的脚线和桌面的弧面相得益彰，如女士般优雅（插图1—22）。

插图5　展示柜　茨维勒　一件小家具，浓缩了"洛可可"女性般优雅气质

·396·

插图 6　写字桌　林克

插图 7　　中心桌　林克　大面积的镀金雕塑,显示出家具奢华的同时,也为空间赋予不同凡响的艺术性

插图 8　路易十五式中心桌　林克

插图 9　国王御桌　林克

插图 10　国王御桌　林克

插图 11　国王御桌　林克

插图 12　办公桌　林克

插图 13　展示台　林克

插图 14　　办公桌　林克

插图 15　　办公桌　茨维勒

插图 16　化妆桌　林克　植物纹样的大量使用，折射出"新艺术运动"广泛的影响力，也是关于第一次"工业革命"对自然破坏的担忧。

插图 17　屏风　林克

插图 18　五斗橱一对　茨维勒

插图 19   五斗橱   林克仿制瑞森纳的设计   佳士得拍卖行拍品

插图 20　布尔工艺橱柜一对　林克　这对家具显示出艺术家对法国经典工艺的熟练掌握和运用

插图 21　橱柜一对　林克仿迪比（Jean-Francois Dubut ？ —1778）

插图 22　　帝政式沙发一组　茨维勒

借用流畅的线条形成象征生命的象征，是20世纪初在法国掀起的"新艺术"浪潮的明显特征，巧合的是，提出"新艺术"（Art nouveau）这一宣言的时间，正好就是1900年的巴黎世博会，德国艺术商人奇格弗里德·宾（Siegfried Bing）在展会中拥有展位，他将展示其中的主要来自日本的艺术品称为"新艺术"，当然，5年前他在巴黎新开的画廊就以此命名（Maison de l'Art nouveau）。如果法国"新艺术"运动以及其他各国相似的艺术运动在新世纪初宣告了现代设计来临的话，林克则可以算是最后一次对过去四百年家具艺术的回望（插图23—25）。

插图 23　　奇格弗里德·宾

插图 24　　1900 年巴黎万国博览会

插图 25　　新艺术画廊

带着坚韧和荣誉感的回望，从拿破仑兵败滑铁卢那时开始，林克初涉法国家具史舞台的时候，已经过去大半个世纪了，虽然历经国家动乱和国际政治纷争，巴黎作为国际时尚中心的地位依然保持者，家具行业繁荣增长，依据佩恩的统计，19 世纪头十年，巴黎有记录的家具从业者10000 余人，到 80 年代，这个数字已经增长到 17000 人，其中有 2000 人专门从事高级家具制作，这期间，家具设计的创新性呈现出相对的停滞，而同时期以巴黎为中心的艺术却爆发出革命性创新，两相对比，或许，家具师们更加看重的是由路易十四所开创，一路前行直至拿破仑皇帝的另一种艺术的优雅文脉，19 世纪 20 年代以后，法国家具几乎就是沿着上述的道路重新再走了一遍，在笔者看来，几十年的回望在艺术范畴具有深远的价值，几代家具人如贝郎热家族（Bellange）、索马尼家族（Sormani）、伯德雷家族（Beurdeley）、以及纪尧姆（Charles Guillaume Winckelsen 1812—1871）、亨利·达松（Henry Dasson 1825—1896）等，他们对于"形式"（Form）审美几近残酷的锤炼，为新世纪法国设计艺术打下了坚实的基础。

皮埃尔·贝朗热（Pierre Antoiner Bellange 1758—1827）是巴黎当地的家具师，1788 年获得"家具大师"的称号。安托万早期的家具主要是拿破仑时期的"帝政式"，的作坊被誉为"皇室家具的仓库"（Imperial Furniture Warehouse），荷兰、瑞典、丹麦皇室甚至美国总统门罗（President James Monroe）等都是他的主顾，在复辟时期，在查理十世时期被授予"皇室御用家具师"，为杜伊勒里宫制作家具，他的侄子亚历山大·贝朗热（Bellange louis Alexandre 1799—1863）也曾参与制作。亚历山大·贝朗热主要制作布尔风格的豪华家具，主要采用了陶瓷、天然漆和硬石，也使用细木镶嵌工艺。在 1838 年在巴黎举办的展览会上，亚历山大获得金奖，1844 年举办的法国工业产品博览会中，路易·菲利普国王买了一款布尔式桌子，国王还任命他为"王室指定橱柜师"。1851 的伦敦水晶宫万国博览会中，他被授予二等勋章。亚历山大的父亲弗朗索瓦（Louis Francois Bellange）也是一名优秀的家具师，父子间也有合作，不论是他自己独立完成的还是与父亲合作完成的，都可以在伦敦的华莱士收藏馆和温莎堡英国女王的收藏品中找到（插图 26、27）。

插图 26　　化妆台　路易·贝朗热　全直线的运用显示出现代主义的明确倾向

插图 27　帝政式扶手椅　皮埃尔·布朗热

插图 28   为枫丹白露宫定制的靠背椅一组   皮埃尔·贝朗热 约 1810 年

插图 29　台钟　伯德雷

插图 30　台钟　伯德雷

插图 31　办公桌1　奥古斯特·伯德雷　桌子正面的人面像可能借鉴布尔的类似设计，红色和金色的组合显示出拿破仑主导的"帝政式"家具的皇家气质。

伯德雷家族是 19 世纪巴黎重要的家具师，工坊从 1818 年到 1895 年，历经三代，工坊精于金属镀金和抛光工艺，到了第二代奥古斯特（Louis Auguste Alfred Beurdeley 1808—1882）经营工坊时，家族的水银镀金的独门工艺与路易十六风格家具的结合，获得了广泛的市场接受，第二帝国时期，伯德雷成为皇家家具的制定供应商，为拿破仑三世和欧仁妮皇后婚礼打造的家具获得了广泛的宣传效应，收到了来自欧洲其他皇室的家具订单。工坊也参加了 1855 和 1867 年的巴黎世博会，因设计创新和工艺精良获得了奖章。路易（Alfred Emmanuel Louis Beurdeley 1847—1919）执掌工坊期间，强化了漆工艺，路易参加了 1878 年的巴黎世博会，获得金奖，借此荣誉，路易在美国纽约开了家具店，"伯德雷"成为来自优雅世界的家具代表，1883 年，路易获得荣誉军团骑士称号（插图 28—37）。

插图 32　　办公桌 2　奥古斯特·伯德雷

插图 33　边柜　路易·贝朗热

插图 34　边柜　路易·贝朗热　这件家具可能是仿制瑞森纳

插图 35　　五斗橱　巴德雷家族

插图 36　咖啡桌　路易·贝朗热

插图 37　橱柜　伯德雷家族

保罗·索马尼（Paul Sormani 1817—1877）是威尼斯人，1847年，他在巴黎圣尼古拉斯公墓（Cimetiere Saint Nicholas）7号成立自己的工厂，主要生产路易十五和路易十六风格的家具。他参加了不同的世界博览会，如：1855年的巴黎世博会，期间，他获得了一等奖。1862年伦敦世博会期间，获得了第二枚奖章，多次参展和获奖从另一个角度显示出索马尼家具品质的优越。在索马尼于1877年去世后，他的妻子和儿子接手经营，历经至少三代，一直到1934年工厂关闭（插图38—44）。

插图38　　写字桌　索马尼　这件家具显示出艺术家对洛可可造型和传统工艺的熟练运用

插图 39　写字桌　索马尼

插图 40　咖啡台　索马尼

插图 41　橱柜　索马尼家族

插图 42　五斗橱 1　索马尼

插图 43　五斗橱 2　索马尼家族　精准地利用了中国漆板

插图 44　五斗橱　索马尼家族

插图45　下图局部

纪尧姆·温克森（Charles Guillaume Winckelsen 1812—1871）于1854年成立他的工作坊，直至他1871年去世。本杰明·格罗斯（Jean Louis Benjamin Gros 生卒不详）是他的主要家具师，尼古拉斯·朗格卢瓦（Joseph Nicolas Langlois 生卒不详）则是他的青铜工匠。他的家具生涯只有短短的十七年，留下的家具不多，但件件都算精品，从现存可能是纪尧姆的家具看，他曾致力于布尔镶嵌工艺的延续，也曾潜心研究路易十六时期家具的风格和工艺，可以说，纪尧姆几乎全力寻找法国家具曾经的辉煌，在他的家具中，布尔、奥本、韦斯维勒等经典家具都有踪可循。纪尧姆去世后，另一位家具大师亨利·达松从他的遗孀手中买下了他的工厂，传承了他的事业及高品质的传统（插图45—60）。

插图46　五斗橱　亨利·达松　这件家具显示出艺术家对"马丁漆"的熟练运用，同时，也是对东方情调的刻意营造

插图 47　　前图局部 1

插图 48　　前图局部 2

插图 49　英国公司 George Bullock 仿制布尔五斗橱

插图 50　　橱柜　本杰明·格罗斯　虽然没有利用布尔复杂的镶嵌工艺和材料，也有布尔家具的气质

插图 51　仿制布尔橱柜　纪尧姆

插图 52 布尔工艺中心桌 亨利·达松 四方形桌脚和"X"脚档传达出强烈的巴洛克气质

插图 53 办公桌 本杰明·格罗斯

插图 54　　仿布尔工艺展示架　纪尧姆

插图 55　　仿布尔工艺展示架　纪尧姆

插图 56　展示柜　纪尧姆

插图 57　边桌　本杰明·格罗斯

插图 58　　橱柜　纪尧姆　应该使用了原装的日本漆板

插图 59　右图局部

插图 60　日本漆板镶嵌小桌　亨利·达松

亨利·达松首先算是一位优秀的青铜雕塑家，早年曾经师从雕塑家莱奎（Justin Marie Lequien 1796—1881 曾经获得"罗马艺术大奖"），他早期的工坊专门提供路易十四、十五以及十六等不同风格的青铜镀金配件，在他后来自己生产家具中，青铜雕刻部分也显得尤为出彩。

1867年，达松接管了家具师卡尔·卓斯彻（Carl Dreschler 生卒不详）的工坊，后者的大主顾赫特福德勋爵（Lord Hertford）此前向工坊定制的路易十五御桌今天被保存在华莱士收藏馆。作为拿破仑三世的至交，勋爵为卓斯彻拿到了在原版书桌的铜雕上浇铸塑模的特许。达松在接手工坊后，很可能也获得了御桌的模具甚至图纸，达松仿造的桌子在1878年的巴黎世界博览会上展出。

1871年，达松买下纪尧姆的工坊的同时，也接管了工坊的雕刻工匠，进一步增强了工坊的雕刻优势。在1878的巴黎世博会上，达松展示了大量的路易十五和十六风格的家具，引起特别的关注，当时的评论家路易·贡斯（Louis Gonse）以下面这段话赞美他："亨利达松以他作品的尽善尽美而迅速建立了极高的地位，我们为之报以热烈的掌声。"展会中，一件青铜镀金的桌子被爱尔兰总督达德利伯爵（Lord Dudley）纳入囊中，按照原版图纸仿制的那件路易十五的"国王御桌"被英国银行家阿什伯顿勋爵的遗孀购得。1883年，达松获得为荣誉军团骑士（Légion d'honneur）称号，他还参加了1889年的巴黎世博会，同样引人注目，获得艺术大奖（Grand Prix Artistique），到1894年达松退休，工厂关闭。

作为法国经典家具艺术的代表人物，达松也是法国传统工艺和风格坚定的维护者，从布尔的"国王御桌"，到新古典主义早期的瑞森纳、韦斯维勒的样式和工艺，达松似乎无一不精，他好像比纪尧姆走得更远，有作品显示，达松的风格甚至可以回溯到巴洛克风格。

除了精湛的雕刻工艺外，达松的作品还显示出对材料运用的高度娴熟，漆艺也是他的家具中一个突出的特征，对于马丁漆的熟练运用，使他能在家具中展示出优雅的绘画形象，对来自日本和中国的漆板的巧妙运用使他成为几年后兴起的新艺术运动的重要先声（插图61—74）。

曾经与林克有过合作的茨威勒也是一名卓越的"古典型"家具师，他用鎏金铜、细木镶嵌和马丁漆画等工艺完美再现了路易十五的洛可可风格和路易十六新古典风格。茨威勒参加了1889年巴黎世界博览会并得到金奖，评委评价到："从世界博览会的最开始，他就以他的镶嵌青铜和无比灵巧的细木镶嵌家具的丰富、大胆独创和完美而名列第一。"他为普鲁士国王腓德烈·威廉二世（Friedrich Wilhelm II）定制的一套家具曾在1900年巴黎世界博览会上展出。

插图61　亨利·达松纪念碑

插图 62 　五斗橱　亨利·达松　这件家具显示出艺术家对新古典主义的深刻认识

插图 63 　上图局部

插图 64　　边柜一对　亨利·达松　青铜镀金的装饰线极尽精微

插图 65　　中心桌　亨利·达松　红色与金色的使用依然是拿破仑第二帝国的皇家色彩，古罗马柱式的使用略显突兀

插图 66　中心桌　亨利·达松

插图 67　　中心桌　亨利·达松　蓝色石材的使用增加了家具的尊贵感

插图 68　　左图局部 1

插图 69　　左图局部 2

插图 70　日本漆板镶嵌化妆桌　亨利·达松

插图 71　仿路易十六式五斗橱　亨利·达松

插图 72　　右图局部 1

插图 73　　右图局部 2

插图 74　　女像雕塑烛台一对　　亨利·达松　　这组作品让人想起家具大师布尔

佛迪诺斯（Alexandre Georges Fourdinois 1799—1871）从1835年开始他的家具事业，成为第二帝国时期重要的家具师，也是皇室家具的供应商，他与雕塑家佛斯（Fossey）展开了长期的合作，直到1848年。在1851年的伦敦世博会期间，他的一件梳妆台获得了最高奖，在1855年的巴黎世博会期间，他获得了最高荣誉奖（the Medal of Honour）。从1867年起，佛迪诺斯的业务由儿子亨利（Henry Auguste Fourdinois 1830—1907）掌管。亨利除了稳定与皇室的供应关系外，还广泛拓展家具业务，力求创新，在工艺层面，亨利创造出一种"全镶嵌"的细木工艺，而在风格层面，他从文艺复兴中寻找家具的新风格，创新使他成为"新文艺复兴"风格家具的重要代表人物（插图75—81）。

插图 75　扶手椅一对　佛迪诺斯　法国新文艺复兴风格

插图 76　柜门　佛迪诺斯

插图 77　斯芬克斯像橱柜　佛迪诺斯

插图 78　橱柜　佛迪诺斯

插图 79   仿文艺复兴风格的橱柜   佛迪诺斯附

插图 80　橱柜　佛迪诺斯

插图 81　　橱柜　佛迪诺斯

格罗埃兄弟（Grohé）的主顾有菲利普国王，拿破仑三世和皇后欧仁妮以及其他众多的权贵，也包括英国的维多利亚女王和阿尔伯特亲王，除了经典的路易十六风格外，格罗埃兄弟也力求创新，是"新哥特式"家具师中的代表人物，维多利亚女王定制的展示柜就是这个风格的（插图83—86）。

　　列夫（Édouard Lièvre 1828—1886）是一个几近全才的艺术家，除了绘画、插图和雕刻，他也设计家具，他的设计几乎超越了"路易"风格，如果可以比较的话，与英国的齐彭代尔有某些相似性，家具的造型特征，结合漆工艺的运用，明显显示出列夫的东方情结（插图82、87—94）。

插图 82　　列夫肖像

插图 83　　路易十六式五斗橱　日本漆板镶嵌　格罗埃兄弟

插图 84　橱柜　乌木、紫檀、黄铜、紫铜等材料镶嵌　格罗埃兄弟

插图 85　乌木展示柜　格罗埃兄弟

插图 86　路易十六风格的办公桌　格罗埃兄弟

插图 87   带穹顶的床   列夫   1875 年   法国装饰艺术博物馆藏

插图 88 　 嵌黄铜橱柜 　 列夫

插图 89　　列柱式橱柜　列夫

插图 90   右图局部

插图 91　橱柜　列夫　法国装饰艺术博物馆藏

插图 92 　右图局部 "龙缠柱"的样式多用于中国南方建筑

插图 93　　橱柜　列夫　这类家具的设计显示出艺术家对东方艺术的深度阅读和利用，带有洛可可气质的柜脚的曲线与柜身的直线形成了呼应，透出出"现代"的气息

插图 94　　展示柜　列夫　柜定的曲线造型让人联想到日本传统建筑样式中的"破风"造型

与列夫相似的家具师还有加布里埃（Gabriel Viardot 1830—1906），他早年学习木雕，19 岁时就以自然主义风格的雕塑成名，1853 年，23 岁的加布里埃成立了自己的工坊，直到 1872 年。在他的设计中，加入了诸多的中国及日本元素，家具中大量使用的漆板直接从中国和日本进口，用于镶嵌的螺钿则来自越南的东京湾。加布里埃把这种风格命名为"中国—日本"风格，这些带有明显的殖民地情结的创新风格在巴黎世博会上也获得相当的成功，1878 年，他获得银奖，1889 年和 1900 那两届，都获得金奖（插图 95—100）。

插图 95　　坐具　加布里埃　结构造型简化的基础上，以横档的雕花装饰带为结构支撑

插图 96　　靠背椅　加布里埃　这类椅子显示出受中国传统椅子的影响

插图 97　扶手椅　加布里埃

插图 98　　展示柜　加布里埃　造型及镶嵌纹样均显示出东方的特征

插图 99　展示柜　加布里埃　植物和动物的纹样成为"新艺术运动"的核心主题

插图 100   展示柜   加布里埃   顶部造型几乎就是一个东方小庙

迪尔（Diehl Charles Guillaume 1811—1885）是德国人，1840 年定居巴黎创办家具作坊，到 1870 年，工坊拥有 600 名左右的工人，足见其经营有方，除了常规家具外，迪尔还制作酒柜、珠宝盒以及女士专用的小型桌子，产品还分为大众款和豪华款等。从 1878 年起，迪尔开始创新设计"新希腊"风格的家具。迪尔自己设计款式，细木镶嵌和青铜部件的工艺委托布朗德利（Jean Brandely 主要活动于 1867—1873）设计制作，雕塑造型则请当时著名的雕塑家弗雷米耶（Emmanuel Frémiet 1824—1910）设计制作，这种创新的风格，加上强强联合的制作方式使迪尔的家具在各届世博会上每每获得成功（插图 101—107）。

插图 101　后图局部

插图 102　小桌　迪尔　明显延续洛可可气质，复杂的装饰让家具几乎变成一件大型的首饰

插图 103   瓷板镶嵌小桌   迪尔

插图 104　鼓形小桌　迪尔

插图 105　　银质雕塑镶嵌橱柜　迪尔

插图 106　　右图局部

插图 107　橱柜　迪尔　美国大都会博物馆藏

艾米里・葛莱（Emile Gallé 1846—1904）是法国南部的南锡人，出生在一个陶艺和家具的作坊家庭，早年接受过非常良好的教育，在人文、科技及艺术方面都有涉猎，如哲学、植物学和素描，后来主要学习玻璃艺术。普法战争（1870）后，葛莱回到南锡，协助父亲的业务，同时，也展开玻璃的灯具和香水瓶等产品设计。1878年，他的玻璃作品在巴黎世博会上获奖，事业开始腾飞，葛莱也从事家具设计，和他的玻璃作品一样，动植物是造型及纹样的核心主题，他还曾专门研究过中国、日本的纹样，但葛莱更加专注于"自然主义"的艺术研究，1900年，他曾发表题为《根据自然装饰现代家具》的文章，认为自然是设计师灵感的源泉。他是法国新艺术运动成员中较早提出要注意产品功能性的一位设计师。葛莱的家具参加了1889年的巴黎世博会，与以巴黎为中心的传统家具风格形成了强烈对比，显示出全新的设计感，而植物纹样的造型也传达出更优雅的生命力，成为"新艺术"开始的重要象征。葛莱主要活动在南锡，是新艺术运动中"南锡学派"的创始人（插图108—113）。

插图109　台灯　葛莱

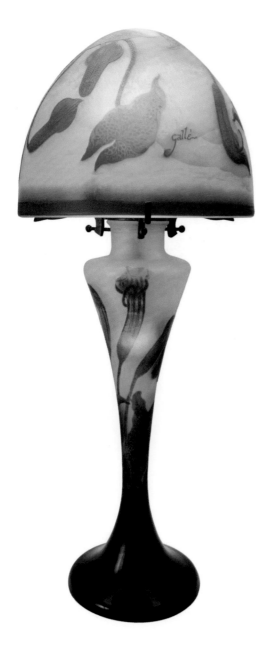

插图108　台灯　葛莱　玻璃灯具的设计
使玻璃艺术进入了新的时代

·482·

插图 110　　小桌　葛莱　鸢尾花、蝴蝶等纹样成为"新艺术运动"所倡导的关于自然和生命的赞歌

插图 111   小桌   葛莱   整件家具几乎就是由曲线构成的空灵雕塑

插图 112　小桌　葛莱

插图 113　展示架　葛莱

路易·梅杰列（Louis Majorelle 1859—1926）出身在图勒（Toul）的家具生产商家庭，2岁时，梅杰列随父亲移居到南锡，在巴黎美术学校学习过两年，1879年，因为父亲过世，梅杰列回到南锡，掌管工坊的家具业务，此后他基本生活在那里。1880年起，梅杰列的家具设计开始出现新的面貌，他逐渐摆脱了路易十六式的古典风格，把法国"细木家具"的传统中运用到新艺术家具设计中，用精致的木线镶嵌营造出强烈的绘画感，把原本较为单纯的图案传化为表情和情节。家具的结构也从单纯的装饰性曲线转化为富有生命力的植物造型，金属的配件也如花枝或者藤蔓般柔软。作为法国重要的装饰艺术家和家具设计师，他生产的独创性产品获得了巨大成功，先后在南锡、巴黎和里昂、里尔等城市开设了自己的专卖店，1901年起，他担任了"南锡学派"的副主席，成为法国新艺术运动的核心人物（插图114—120）。

插图114　　扶手椅　梅杰列　除了椅身造型的独特设计外，用于固定皮质的铆钉也体现出装饰感

插图 115　　写字桌　梅杰列

插图 116　　写字桌　梅杰列　在简化家具结构的基础上，对线条的节奏展开精致的推敲，两盏台灯几乎就是两支插花

插图 117　橱柜　梅杰列

插图 118　　展示架　梅杰列　几乎就是一件可以悬挂的浮雕作品

插图 119　小橱架　梅杰列

插图 120　展示柜　梅杰列　细木拼花本身就是一张充满池塘野趣的绘画

爱德华·科隆纳（Edouard Colonna 1862—1948）是德国人，出生在科隆附近，15岁时，科隆纳就离开老家，开始了他充满传奇和飘泊的人生，据说，他先去布鲁塞尔，学习建筑，20岁时，他离开欧洲到了纽约，成为著名玻璃艺术品牌蒂芙尼（Tiffany）公司的一名设计师，几年后，他跳槽到"普利斯"（Bruce Price）建筑师事务所，成为一名主创设计师，主要负责为著名的"美邦制造公司"（Barney & Smith Manufacturing Co）设计列车车厢内饰和办公建筑，1885年，科隆纳居然再次跳槽，直接加入美邦，三年后离职，到加拿大蒙特利尔成立自己的公司，专门为"加拿大太平洋铁路公司"设计列车内饰，同时也承接他们的建筑设计订单。

1897年，科隆纳接受著名德裔艺术商人奇格弗里德·宾的委托，到巴黎为他设计首饰和玻璃作品，后来致力于家具设计，展示出强烈的"新艺术"气质，在展会上多次获奖，宾也利用"新艺术画廊"在贵族圈和艺术圈的影响力，大力宣传和推广科隆纳。

但随着画廊业务的萎靡，宾在1903年关闭了画廊，科隆纳离开巴黎到了加拿大的多伦多，在其后的20年左右，重操旧业，同时从事建设和室内设计的业务，生意兴隆。1923年，科隆纳退休，到法国南部城市尼斯定居，不甘寂寞的他，做起了古玩生意，为几个博物馆代理收购业务，也做些雪花碗、花瓶之类的工艺品，卖给过去的老顾客（插图121、122）。

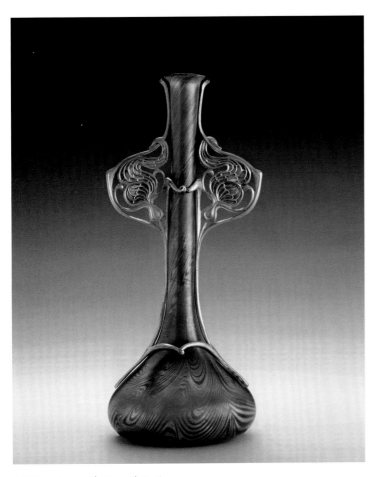

插图121　花瓶　科隆纳

尤金·盖拉德（Eugéne Gaillard 1862—1933）作为巴黎新艺术的代表性艺术家，也与奇格弗里德·宾合作，在1900年的巴黎世博会上，宾陈列了盖拉德、科隆纳以及乔治·德·弗尔（Georges de Feure 1868—1943）等三位艺术家的各类作品，分别展示在六个模拟的生活空间中，这种新颖的展示方式是宾的首创。

盖拉德的家具主要以胡桃木、桃花心木等原木为材料，借木材的纹理充分表达家具的审美，家具的外观线条柔和，植物形镶嵌线条增加家具的流畅感，一种大度而优雅的气质跃然而出，相比而言，弗尔的家具则透露出更明显的女性般纤细秀美。

弗尔出生在巴黎一个富裕的建筑师家庭，少年时代，弗尔一度被荷兰籍的父亲送往阿姆斯特丹的一家美术学校学习，但弗尔从内心抵制那种传统的教学体制，几乎靠着在巴黎的自学，成为一名卓越的画家和设计师。他广泛涉猎各种艺术门类，从绘画到招贴，从陶瓷到玻璃，从地毯到银器，从室内设计到家具设计，弗尔个人的艺术经历几乎完美的诠释了"新艺术"所倡导的"综合的艺术"宗旨，即艺术不是孤立的，而是和生活相关的零零总总的结合，这也是奇格弗里德·宾在世博会上采用的生活化展示方式的观念来源。宾受到这位才华横溢的"招贴中的诗人"的感召，邀请他作为"新艺术画廊"的首席设计师，广泛展开针对精英们的高端设计，一如弗尔招贴通过时装及花卉等元素对女性优雅气质的衬托，他的家具几乎就是家具中的时装，他甚至使用了家具中极少见的明黄甚至白色，来凸显家具结构的女性化象征，用家具谱写出人性美好的赞歌，这在欧洲家具史上也是扣人心弦的一幕。

1900年的巴黎世博会上，弗尔的家具也获得金奖，宾一直珍藏着弗尔的作品，至死没卖（插图123—136）。

插图 122　扶手椅　科隆纳　去掉几乎所有的装饰，仅以结构呈现的造型成为现代家具的先声

插图 123　　扶手椅　盖拉德

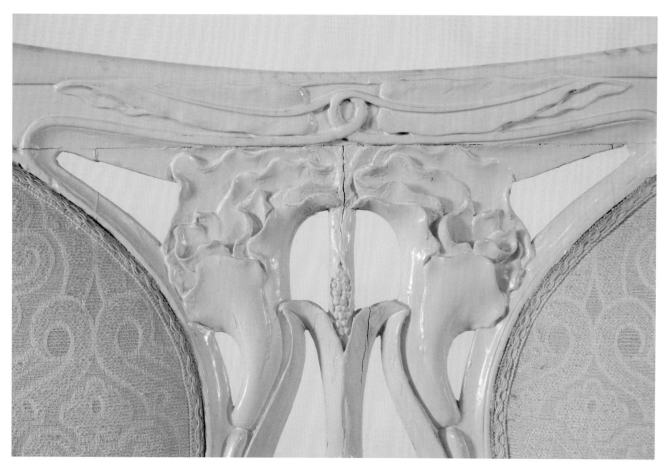

插图 124　　下图局部

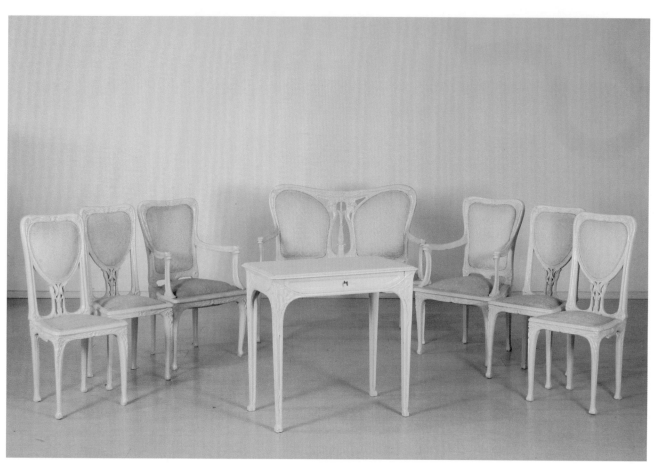

插图 125　　家具一组　弗尔　淡雅的色彩更适合简洁的空间

插图 126　　沙发　弗尔　纤细曲线形成优雅的女性气质，这件作品几乎成为法国文化的象征

插图 127　靠背椅一对　盖拉德

插图 128　化妆桌　盖拉德

插图 129　化妆桌　弗尔

插图 130　橱柜　弗尔

插图 131　　展示柜 1　盖拉德

插图 132　　展示柜 2　盖拉德

插图 133　屏风　弗尔

插图 134　瓷罐　弗尔

插图 135　插图　弗尔

插图 136　室内设计稿　弗尔　美国大都会博物馆藏

和弗尔的才华堪比伯仲的另一位艺术家是卡罗·布加迪（Carlo Bugatti 1856—1940），这位来自意大利米兰室内设计师的后代，也是一位集绘画、家具、陶瓷、金银器、珠宝甚至乐器设计于一身的重要艺术家，当然，布加迪最著名的还是他跨越时代的雕塑般家具。

如果说 19 世纪大量法国或者英国家具的创新大多源于历史上的文艺复兴或者哥特式，或者异国情调的中国和日本，布加迪却显示出一种特别例外的非洲或者伊斯兰特征，虽然艺术史也把他誉为"新艺术"运动的代表人物，但他的作品与巴黎的优雅实在相去甚远。

从 1888 年起，布加迪的家具作品先后在伦敦、阿姆斯特丹、安特卫普展出，1900 年，他参加了巴黎世博会并获得银奖，1902 年，意大利都灵的世博会上，布加迪展示了他的"蜗牛屋"，其中也陈列出他经典的"眼镜蛇椅"。

作品获得了头奖，当时的意大利女王称赞他的家具带来了强烈的"摩尔风格"（伊斯兰意味）新风，不过，布加迪不同意女王的说法，他坚持认为这些家具是自己的"独创"！不管怎样，评论普遍认为，那些由羊皮、牛骨、螺钿和金属构成的家具是"在意大利率先实现的，不再是梦想的家具"。如果说弗尔的家具继承了法国家具艺术的柔性血脉的话，布加迪的"君王椅"则散发出角斗士般的地道男人味，让人寻回了欧洲近现代艺术的精神起点——意大利。

1904 年，布加迪卖掉了在米兰的工作室，移居巴黎，成为这个世界艺术中心的一员。在他生命的最后几年，他搬到莫尔塞姆（Molsheim），和他大儿子埃多尔（Ettore）一家团聚，享受着意大利人特有的家族温馨——埃多尔是伟大的汽车品牌"布加迪·威龙"的创始人（插图 137—141）。

插图 137   拼花镜子   布加迪   约 1900 年

插图 138　桌椅一组　布加迪

插图139 "君王椅" 布加迪

插图 140　　"眼镜蛇椅"　布加迪

插图 141 "君王椅" 布加迪 约 1900 年 法国奥赛博物馆藏
充满健壮力量的家具气质，结合"萨伏拉罗拉"椅子的造型意象，艺术家把我们的记忆唤回到比文艺复兴时期更久远的时代

后 记

　　该书的读者对象以广大欧式家具消费者为主，其中，有不少应该是艺术爱好者，因此，该书的重心在于艺术阅览的愉悦，强化家具的审美鉴赏和艺术分析，弱化家具本身工艺分析和断代鉴定，基于这样的思路，刻意增补了欧洲重要艺术家与家具之间的关系分析，算是增加本书的艺术色彩。

　　为本书的写作，笔者专门造访欧洲各大博物馆和家具类艺术空间，也拍摄了大量家具的照片，但旅游照实在不如专业家具类照片质量的优良，因此，本书大量借用了各大博物馆图录以及欧洲学者的图书资料，不能一一致谢，甚为抱歉。

　　设计师曾志宏、陈凤珍伉俪为本书的装帧设计付出了大量的心血，漆艺家张春林先生为本书中涉及的漆艺问题提供了有益的帮助，一并致谢。

　　基于笔者关于包括家具在内的艺术综合研究，可以得出一个明确结论：欧式家具依然可以对中国大众的艺术审美，特别是日常生活中的艺术熏陶和艺术消费，产生不可估量的价值，因为，这是中国艺术及文化迈入"现代"过程中，尚未跨越的必须门槛。

王 鸿

2016 年 10 月 30 日

特别鸣谢

本书的写作和出版得到"大风范欧式家具大学"的鼎力支持，特此致谢!

责任编辑　章腊梅

装帧设计　曾志宏　陈凤珍

责任校对　朱 奇

责任印制　毛 翠

图书在版编目（ＣＩＰ）数据

欧式家具四百年 / 王鸿著 . -- 杭州 : 中国美术学

院出版社 , 2016.12

ISBN 978-7-5503-1280-7

Ⅰ . ①欧… Ⅱ . ①王… Ⅲ . ①家具—历史—研究—欧

洲 Ⅳ . ① TS664-095

中国版本图书馆 CIP 数据核字 (2017) 第 001187 号

欧式家具四百年

王 鸿 著

出 品 人：祝平凡
出版发行：中国美术学院出版社
地　　址：中国·杭州南山路 218 号　邮政编码：310002
网　　址：http:// www.caapress.com
经　　销：全国新华书店
印　　刷：浙江兴发印务有限公司
版　　次：2017 年 1 月第 1 版
印　　次：2017 年 1 月第 1 次印刷
印　　张：64.75
开　　本：710mm×1000mm 1/8
字　　数：120 千
图　　数：620 幅
印　　数：0001-2000
书　　号：ISBN 978-7-5503-1280-7
定　　价：580.00 元